氷《こおり》と雪《ゆき》の大地《だいち》 南極《なんきょく》へ

日本《にほん》から南《みなみ》へ約《やく》1万《まん》4000㎞。
氷《こおり》と雪《ゆき》におおわれた
科学《かがく》のフロンティアをめざして
南極観測船《なんきょくかんそくせん》が行《ゆ》く！

画像提供／国立極地研究所

南極観測船《なんきょくかんそくせん》「しらせ」

画像提供／国立極地研究所

▲南極《なんきょく》へ観測隊《かんそくたい》や物資《ぶっし》を運《はこ》ぶ日本《にほん》でただ一隻《いっせき》の南極観測船《なんきょくかんそくせん》。海底《かいてい》を音波《おんぱ》で観《かん》測《そく》する装置《そうち》を備《そな》え、南極周辺《なんきょくしゅうへん》の海底地《かいていち》形調査《けいちょうさ》でも成果《せいか》をあげている。

◀南極《なんきょく》への航海《こうかい》の途中《とちゅう》に立《た》ちはだかる壁《かべ》。そのひとつが南緯《なんい》40度《ど》から60度《ど》の暴風圏《ぼうふうけん》だ。船体《せんたい》はときには30度《ど》近《ちか》くまでかたむき、その感覚《かんかく》は、まるで遊園地《ゆうえんち》のアトラクションのようだという。

極地《きょくち》のおりなす芸術《げいじゅつ》

日本列島《にほんれっとう》の約《やく》37倍《ばい》の
面積《めんせき》が氷《こおり》でおおわれた
南極《なんきょく》には、とても不思議《ふしぎ》な
自然《しぜん》の光景《こうけい》が存在《そんざい》する！

氷床《ひょうしょう》

南極大陸《なんきょくたいりく》をおおう氷床《ひょうしょう》は、降《ふ》り積《つ》もった雪《ゆき》が長《なが》い年月《ねんげつ》をかけて氷《こおり》になったもの。氷床《ひょうしょう》のもっとも高《たか》いところは富士山《ふじさん》の標《ひょう》高《こう》(3776m)を超《こ》える。

画像提供／国立極地研究所

▼直径《ちょっけい》5～30㎜の球形《きゅうけい》の雪《ゆき》の塊《かたま》り。雪《ゆき》の結《け》晶《しょう》が強《つよ》い風《かぜ》であおられて丸《まる》くなってできる。

画像提供／国立極地研究所

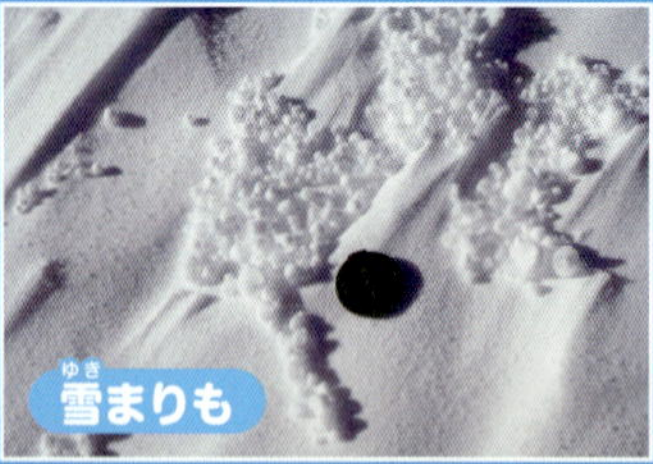

雪《ゆき》まりも

▼南極《なんきょく》のロス島《とう》にある活火山《かっかざん》。氷《こおり》と雪《ゆき》のすぐそばで噴煙《ふんえん》を噴《ふ》き上《あ》げる光景《こうけい》は神秘的《しんぴてき》だ。

エレバス山《さん》

画像提供／国立極地研究所

白夜《びゃくや》

南極《なんきょく》の夏《なつ》は一日中《いちにちじゅう》太陽《たいよう》が沈《しず》まない日《ひ》が続《つづ》く。連続写真《れんぞくしゃしん》で撮《と》られた太陽《たいよう》は、西《にし》から東《ひがし》に向《む》かって地平線《ちへいせん》すれすれを転《ころ》がっているかのようだ。

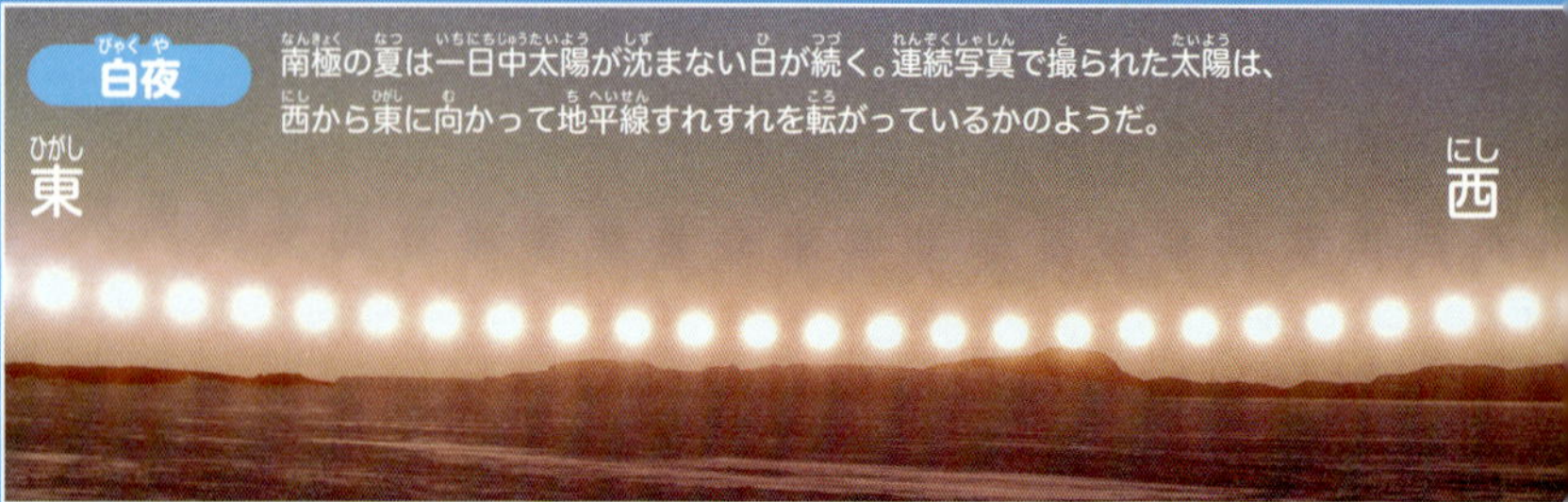

画像提供／国立極地研究所

アザラシ

アザラシは世界《せかい》でもっとも南《みなみ》にすむほ乳類《にゅうるい》。全身《ぜんしん》をおおう毛《け》と厚《あつ》い皮下脂肪《ひかしぼう》で寒《さむ》さを防《ふせ》いでいる。

ナンキョクコメススキ

画像提供／国立極地研究所

▲厳《きび》しい寒《さむ》さにブリザード……過酷《かこく》な環《かん》境《きょう》でわずかに自生《じせい》する高等植物《こうとうしょくぶつ》のひとつ。

動植物《どうしょくぶつ》の営《いとな》み

南極《なんきょく》は最低気温《さいていきおん》がマイナス90℃にも達《たっ》する極寒《ごっかん》の地《ち》。生身《なまみ》の人間《にんげん》がとても生活《せいかつ》できない厳《きび》しい環境《かんきょう》に適応《てきおう》し、すむ生《い》き物《もの》たちがいる。

アデリーペンギンの群《む》れ

南極大陸《なんきょくたいりく》とその周辺《しゅうへん》に生息《せいそく》するアデリーペンギン。夏《なつ》になると子育《こそだ》ての準備《じゅんび》のために海岸近《かいがんちか》くの岩場《いわば》に移動《いどう》し、ときには十数《じゅうすう》万羽《まんば》もの集団《しゅうだん》「コロニー」をつくる。

オーロラ

太陽風《たいようふう》と、地球《ちきゅう》の磁力《じりょく》と大気《たいき》が関《かか》わり合《あ》って発生《はっせい》するオーロラ。観測《かんそく》によって、地球周辺《ちきゅうしゅうへん》の宇宙《うちゅう》の変化《へんか》を知《し》ることができる。

宇宙《うちゅう》につながる「窓《まど》」

画像提供／国立極地研究所

「南極《なんきょく》」という場所《ばしょ》だからこそできた宇宙《うちゅう》に関《かん》する観測《かんそく》や発見《はっけん》は数多《かずおお》くある。

画像提供／国立極地研究所

隕石《いんせき》

隕石《いんせき》は宇宙《うちゅう》の歴史《れきし》をひもとくうえでの貴重《きちょう》な手《て》がかりとなる。南極《なんきょく》では、保存状態《ほぞんじょうたい》のいい隕石《いんせき》が数多《かずおお》く見《み》つかる。

◀火星《かせい》の岩石《がんせき》が宇宙空間《うちゅうくうかん》に飛《と》び出《だ》して地球《ちきゅう》に到達《とうたつ》した「火星隕石《かせいいんせき》」。

ドラえもん科《か》学《がく》ワールド
DORAEMON KAGAKU WORLD

南《なん》極《きょく》の不《ふ》思《し》議《ぎ》

ドラえもん科学《かがく》ワールド

ー南極《なんきょく》の不思議《ふしぎ》ー

もくじ

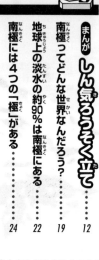

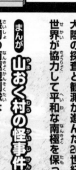

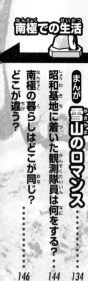

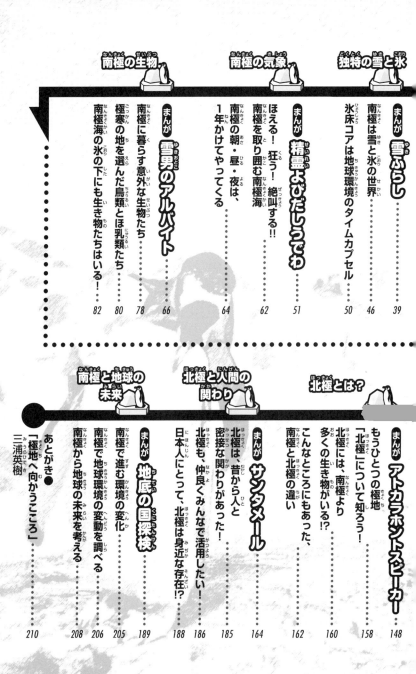

この本《ほん》について

この本《ほん》は、ドラえもんのまんがを楽《たの》しみながら、最新《さいしん》の科学知識《かがくちしき》を学《まな》ぼうとするよくばりな本《ほん》です。

まんがで扱《あつか》われている科学《かがく》のテーマを、その後《あと》に掘《ほ》り下《さ》げて解説《かいせつ》しています。かなり難《むずか》しい内容《ないよう》も含《ふく》まれているかもしれませんが、現在《げんざい》のさまざまな研究結果《けんきゅうけっか》をふまえて、南極《なんきょく》のことをできるだけわかりやすく解説《かいせつ》しています。

日本《にほん》からはるか遠《とお》い場所《ばしょ》に位置《いち》する、雪《ゆき》と氷《こおり》の大地《だいち》・南極《なんきょく》は、マイナス80℃以下《いか》の気温《きおん》や、風速《ふうそく》90mという想像《そうぞう》もつかないほど厳《きび》しい気候《きこう》のため、歴史上人間《れきしじょうにんげん》が定住《ていじゅう》したことがなく、数多《かずおお》くの探検家《たんけんか》が命《いのち》を落《お》としている、極寒《ごっかん》の大陸《たいりく》です。そのため、まだ謎《なぞ》に包《つつ》まれていることも多《おお》く、近年《きんねん》になってから研究《けんきゅう》が盛《さか》んに行《おこな》われるようになりました。

日本《にほん》の観測拠点《かんそくきょてん》・昭和基地《しょうわきち》でもさまざまな観測《かんそく》と研究《けんきゅう》が進《すす》められ、地球《ちきゅう》の環境《かんきょう》の変化《へんか》や、宇宙《うちゅう》の謎《なぞ》の解明《かいめい》などに役《やく》立《だ》てられています。

日本《にほん》の極地研究《きょくちけんきゅう》の拠点《きょてん》・国立極地研究所《こくりつきょくちけんきゅうしょ》の協力《きょうりょく》と監修《かんしゅう》によるこの本《ほん》を読《よ》めば、南極《なんきょく》の全体像《ぜんたいぞう》を理解《りかい》できます。世界《せかい》で最後《さいご》に残《のこ》された、人間《にんげん》の手《て》がほとんど入《はい》っていない大陸《たいりく》に、興味《きょうみ》をもっていただければと思《おも》います。

※特《とく》に記述《きじゅつ》がないデータは、2020年《ねん》12月現在《がつげんざい》のものです。

ビュウ
いきすぎだっ!!
ゴオオオ
ゴゴ
おかしい!! なだれのしかけなんかないはずだ。

しん気《き》ろうそく立《た》て

あつくなったなあ。
海《うみ》で泳《およ》いだら気《き》持《も》ちいいだろうね。
行《い》きたいわね。
でも、子《こ》どもだけじゃ行《い》かせてもらえないよ。
たぶんな……。
ぼくなんかいつでも行《い》けるもんね、「どこでもドア」で。
わあ、いいないいな。
おれたちもつれてけよ。
おねがい。
そうだな……。
じゃあね、みんなで「のび太《た》くんありがとう」といいなさい。
のび太《た》くんありがとう。
それからおやつを持《も》ちよって海岸《かいがん》で食《た》べるのも楽《たの》しいと思《おも》うよ。
なにか持《も》ってくわ。
ちぇっ、弱味《よわみ》につけこんで。

南極《なんきょく》の不思議《ふしぎ》Q&A《キューアンドエー》

Q 現在《げんざい》、地球上《ちきゅうじょう》に「氷床《ひょうしょう》」と呼《よ》べるほどの巨大《きょだい》な氷《こおり》の集合体《しゅうごうたい》は南極《なんきょく》にしかない。本当《ほんとう》？　ウソ？

A ウソ　南極《なんきょく》の他《ほか》に、グリーンランドにも氷床《ひょうしょう》がある。

南極《なんきょく》の不思議《ふしぎ》Q&A《キューアンドエー》

Q 南極《なんきょく》にN《エヌ》極《きょく》、北極《ほっきょく》にS《エス》極《きょく》があるといわれる地球《ちきゅう》の地磁気《ちじき》。この極《きょく》は、逆《ぎゃく》になることがある。本当《ほんとう》？ ウソ？

A 本当《ほんとう》 長《なが》い地球《ちきゅう》の歴史《れきし》の中《なか》で、地磁気《ちじき》は何度《なんど》も逆転《ぎゃくてん》している。最《もっと》も近《ちか》くでは、77万年前《まんねんまえ》ごろに地磁気逆転《ちじきぎゃくてん》が起《お》きたといわれている。

あぶない海《うみ》ねえ。
おやつでも食《た》べよう。
スイカわりでもやろうぜ。
あっ、そっちはふすま……。
パ
カ
あ、ろうそくが……。
今日《きょう》はこれでおしまい。
あああ、こんなに食《た》べちらかして。
だれだっ、海《うみ》の中《なか》でおしっこしたのは。

あついから南極《なんきょく》へ行《い》ったんだけど、ドアがこわれちゃってさ。

南極《なんきょく》ってどんな世界《せかい》なんだろう？

南極《なんきょく》とは、自転《じてん》している地《ち》球《きゅう》の回転軸《かいてんじく》の一方《いっぽう》である南《なん》極点《きょくてん》を中心《ちゅうしん》とした地域《ちいき》のこと。そこにはオーストラリア大陸《たいりく》よりも広大《こうだい》な南極大陸《なんきょくたいりく》がある。人《ひと》が簡単《かんたん》に入《はい》れないこの極寒《ごっかん》の大陸《たいりく》には、今《いま》もなお、さまざまな謎《なぞ》と貴重《きちょう》な研究対象《けんきゅうたいしょう》が数多《かずおお》く残《のこ》されているのだ。

わあっ、南極《なんきょく》だ。

▲南極大陸《なんきょくたいりく》の気温《きおん》は、一部《いちぶ》の地域《ちいき》をのぞいて一年中《いちねんじゅう》0℃以下《いか》。ひみつ道具《どうぐ》でもない限《かぎ》り、簡単《かんたん》に行《い》ける場所《ばしょ》じゃないぞ。

南極《なんきょく》の地図《ちず》

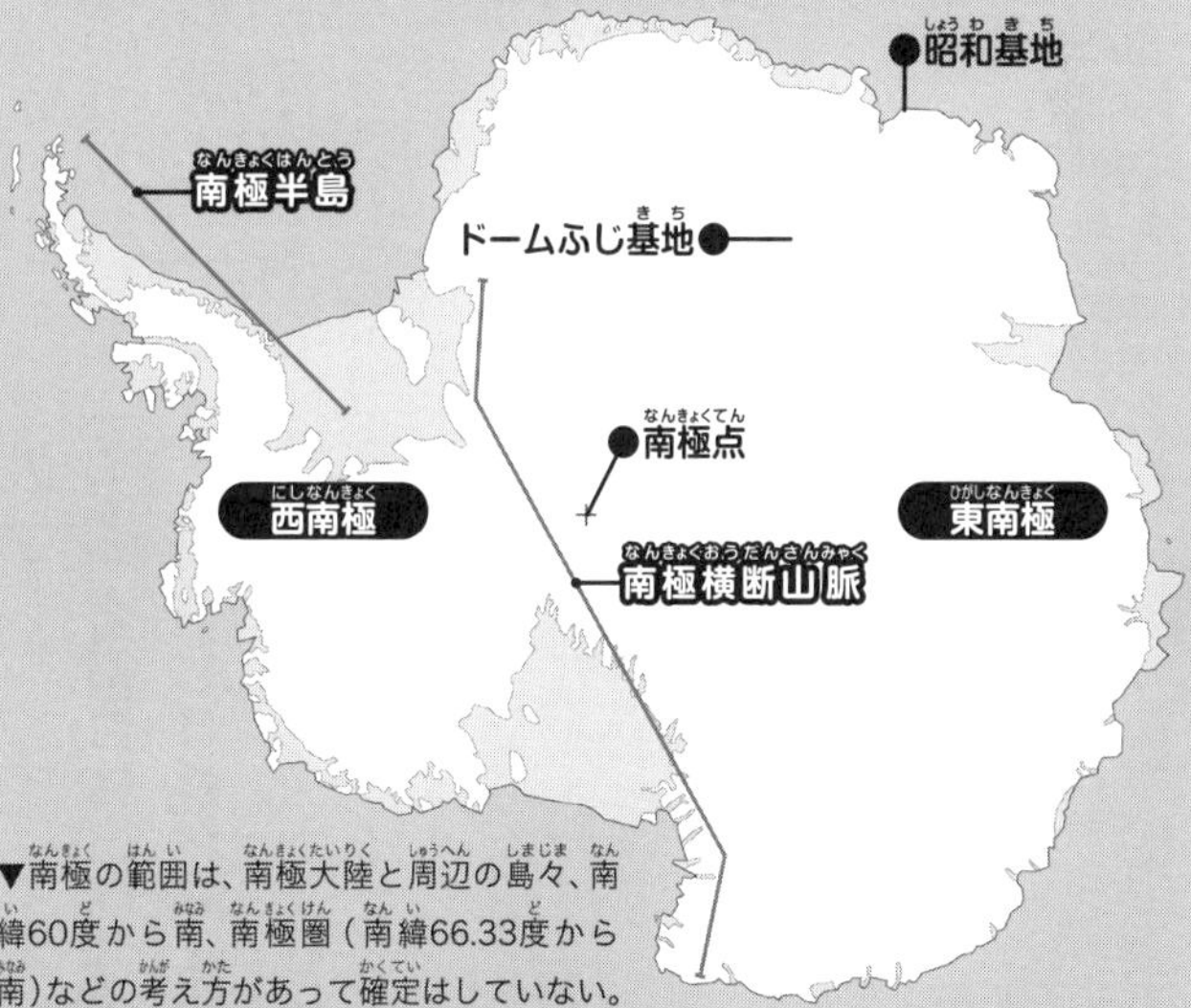
昭和基地《しょうわきち》
南極半島《なんきょくはんとう》
ドームふじ基地《きち》
南極点《なんきょくてん》
西南極《にしなんきょく》
東南極《ひがしなんきょく》
南極横断山脈《なんきょくおうだんさんみゃく》

▼南極《なんきょく》の範囲《はんい》は、南極大陸《なんきょくたいりく》と周辺《しゅうへん》の島々《しまじま》、南《なん》緯《い》60度《ど》から南《みなみ》、南極圏《なんきょくけん》（南緯《なんい》66.33度《ど》から南《みなみ》）などの考《かん》え方《かた》があって確定《かくてい》はしていない。

南極周辺全域《なんきょくしゅうへんぜんいき》
アフリカ大陸《たいりく》
南《みなみ》アメリカ大陸《たいりく》
南極圏《なんきょくけん》
オーストラリア大陸《たいりく》

面積《めんせき》は日本《にほん》の約《やく》37倍《ばい》

南極大陸《なんきょくたいりく》の面積《めんせき》は、約《やく》1387万《まん》5000㎢。この同比率《どうひりつ》の日本地図《にほんちず》と比《くら》べると、広大《こうだい》さがわかるよね。

イラスト／加藤貴夫

南極《なんきょく》は地表面《ちひょうめん》の97%以上《いじょう》が氷《こおり》と雪《ゆき》におおわれた極寒《ごっかん》の世界《せかい》

南極《なんきょく》といえば、超巨大《ちょうきょだい》な氷山《ひょうざん》というイメージをもつ人《ひと》がいるけど、それは間違《まちが》い。大陸《たいりく》に大量《たいりょう》の雪《ゆき》と氷《こおり》が降《ふ》り積《つ》もり、97%の大地《だいち》をおおっているから氷山《ひょうざん》に見《み》えるんだ。氷《こおり》の厚《あつ》みは平均《へいきん》で1856m。一《いち》番厚《ばんあつ》い場所《ばしょ》では4776mにも達《たっ》する。

こういう広大《こうだい》な地表面《ちひょうめん》をおおう氷《こおり》のかたまりを氷床《ひょうしょう》と呼《よ》ぶんだけど、南極《なんきょく》の氷床《ひょうしょう》は約《やく》3000万年前《まんねんまえ》には存在《そんざい》し、拡大《かくだい》したり縮小《しゅくしょう》したりを繰《く》り返《かえ》して今《いま》の姿《すがた》になったと考《かんが》えられている。この巨大《きょだい》な氷床《ひょうしょう》は、冷源《れいげん》として地球全体《ちきゅうぜんたい》の気《き》候《こう》に大《おお》きく影響《えいきょう》しているよ。

画像提供／国立極地研究所

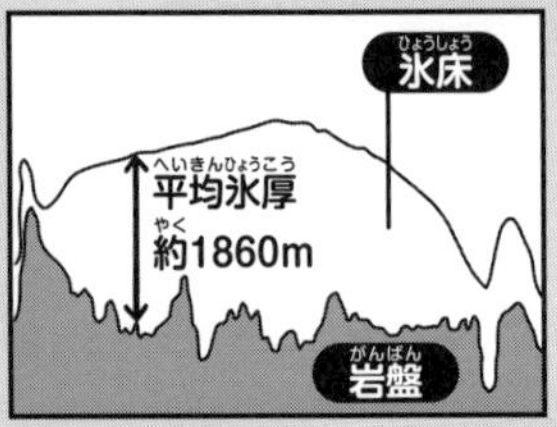

▶分厚《ぶあつ》い氷床《ひょうしょう》。その重《おも》みで南極《なんきょく》の大地《だいち》は押《お》し下《さ》げられていると考《かんが》えられている。

イラスト／佐藤諭

南極《なんきょく》には山脈《さんみゃく》も活火山《かっかざん》も2500m以上《いじょう》の氷底溝《ひょうていこう》もある

標高《ひょうこう》4892mの最高峰《さいこうほう》マウント・ビンソンをはじめ、南極大陸《なんきょくたいりく》には3000～4000m級《きゅう》の山々《やまやま》が存在《そんざい》する。中《なか》にはエレバス山《ざん》やベルリン山《ざん》などの活火山《かっかざん》も含《ふく》まれていて、南極《なんきょく》が他《ほか》の大陸《たいりく》と同様《どうよう》に今《いま》も生《い》きていることを教《おし》えてくれる。また逆《ぎゃく》に、標高《ひょうこう》マイナス2555mという水没《すいぼつ》していない溝《こう》としては世界一深《せかいいちふか》いベントレー氷底溝《ひょうていこう》もある。南極《なんきょく》は単《たん》に平坦《へいたん》なだけの氷《こおり》の世界《せかい》じゃない。氷床《ひょうしょう》の下《した》には、驚《おどろ》くほど起伏《きふく》に富《と》んだ大地《だいち》が隠《かく》れているんだ。

画像提供／国立極地研究所

▶今《いま》もときおり噴煙《ふんえん》を上《あ》げる南極《なんきょく》の活火山《かっかざん》、エレバス山《ざん》。

▶西南極《にしなんきょく》、★の地点《ちてん》にあるベントレー氷底溝《ひょうていこう》。

イラスト／加藤貴夫

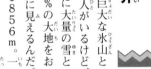

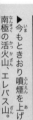

分《ぶ》厚《あつ》い氷《こおり》の下《した》の姿《すがた》はどうなっているんだろう？

左《ひだり》の図《ず》は、氷床《ひょうしょう》を取《と》りのぞいた南極大陸本来《なんきょくたいりくほんらい》の地形図《ちけいず》。人工衛星《じんこうえいせい》が測定《そくてい》した氷床《ひょうしょう》の高度《こうど》と、各国《かっこく》の南極観測隊《なんきょくかんそくたい》がアイスレーダーで測定《そくてい》した南極各所《なんきょくかくしょ》の氷《こおり》の厚《あつ》さというふたつのデータを合《あ》わせ、それぞれの高低差《こうていさ》から地表面《ちひょうめん》の高度《こうど》を割《わ》り出《だ》して作成《さくせい》されたものだ。

これにより南極大陸《なんきょくたいりく》の西側《にしがわ》は、かなり広《ひろ》い範囲《はんい》が海水《かいすい》面《めん》より低《ひく》いことが判明《はんめい》した。西南極《にしなんきょく》の多《おお》くは、この海水《かいすい》面《めん》より低《ひく》い場所《ばしょ》に氷河《ひょうが》が厚《あつ》く堆積《たいせき》していたのだ。では、もし氷《こおり》が溶《と》けてしまったら南極大陸《なんきょくたいりく》の面積《めんせき》は今《いま》より小《ちい》さくなるんだろうか？　それが、そうでもないらしい。有《ゆう》力《りょく》な説《せつ》によると、南極大陸《なんきょくたいりく》は氷床《ひょうしょう》の重《おも》みで押《お》しつぶされている状態《じょうたい》なのだとか。その重《おも》みから解放《かいほう》されることで大地《だいち》が隆起《りゅうき》し、逆《ぎゃく》に面積《めんせき》が増《ふ》えるのではないかと考《かんが》えられているんだ。

南極大陸《なんきょくたいりく》
昭和基地《しょうわきち》
南極半島《なんきょくはんとう》
南極点《なんきょくてん》
南極横断山脈《なんきょくおうだんさんみゃく》

イラスト／加藤貴夫

特別《とくべつ》コラム　南極《なんきょく》は世界《せかい》で唯一《ゆいいつ》国境《こっきょう》のない大陸《たいりく》

20世紀半《せいきなか》ばになると、それまで寒《さむ》さのため定住《ていじゅう》が難《むずか》しかった南極《なんきょく》に進出《しんしゅつ》しようとする国《くに》が増《ふ》えてきた。この領土《りょうど》拡大競争《かくだいきょうそう》に反対《はんたい》する国々《くにぐに》が主体《しゅたい》となり、1959年《ねん》に南極《なんきょく》の平和利用《へいわりよう》を提唱《ていしょう》する南極条約《なんきょくじょうやく》が締結《ていけつ》された。おかげで南極《なんきょく》は、各国《かっこく》が協力《きょうりょく》して科学的調査《かがくてきちょうさ》が行《おこな》える、唯一国境《ゆいいつこっきょう》のない大陸《たいりく》になったんだ。

◀各国《かっこく》の基地《きち》の場所《ばしょ》も固有《こゆう》の領土《りょうど》ではないよ。

画像提供／国立極地研究所

地球上《ちきゅうじょう》の淡水《たんすい》の約《やく》90%は南極《なんきょく》にある

南極大陸《なんきょくたいりく》をおおう氷《こおり》の量《りょう》は約《やく》2540万《まん》km³!!

前《まえ》にもふれたように、南極氷床《なんきょくひょうしょう》の厚《あつ》さは平均《へいきん》で1856m。面積《めんせき》は、1388万《まん》km²にも及《およ》ぶ。体積《たいせき》に換算《かんさん》すると、約《やく》2540万《まん》km³。これは、地球上《ちきゅうじょう》のすべての淡水《たんすい》のおよそ90%に当《あ》たる数字《すうじ》。まさに南極《なんきょく》は、地球《ちきゅう》の淡水《たんすい》を保管《ほかん》する貯蔵庫《ちょぞうこ》なんだ。

ちなみに氷床《ひょうしょう》の厚《あつ》さは、南極横断山脈《なんきょくおうだんさんみゃく》の東側《ひがしがわ》と西側《にしがわ》でかたよりがある。東南極《ひがしなんきょく》のほうが西南極《にしなんきょく》より平均《へいきん》で1000mほども厚《あつ》いんだ。これは、西南極《にしなんきょく》の氷床下《ひょうしょうか》の基盤《きばん》のほとんどが、海面下《かいめんか》にあることと関係《かんけい》しているようだよ。

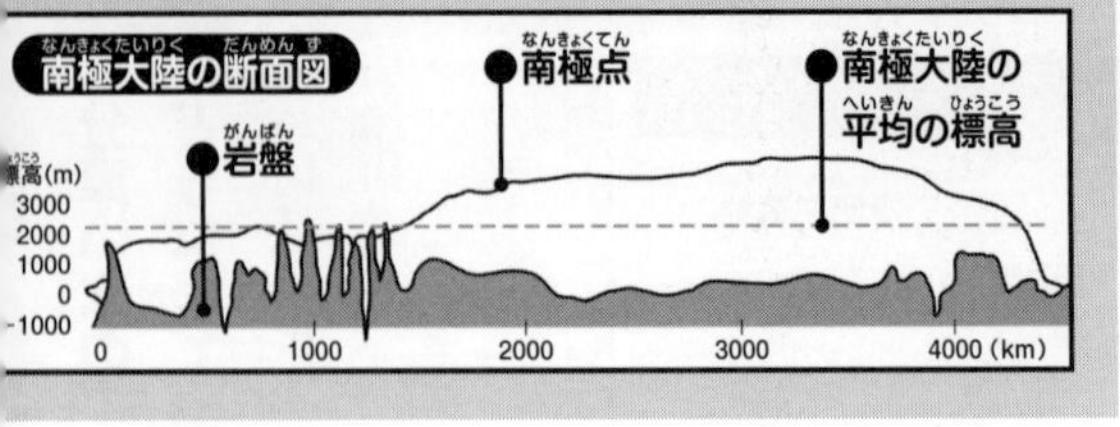

ラスト／佐藤諭

最大風速約《さいだいふうそくやく》90m！南極《なんきょく》の風《かぜ》が強烈《きょうれつ》な理由《りゆう》とは？

南極《なんきょく》では最大風速約《さいだいふうそくやく》90mという、他《ほか》の大陸《たいりく》では考《かんが》えられない強烈《きょうれつ》な風《かぜ》が吹《ふ》く。雪《ゆき》や氷《こおり》の結晶《けっしょう》を巻《ま》き上《あ》げて吹《ふ》くブリザードのすさまじさを、テレビなどで見《み》た人《ひと》もいるはずだ。こんな風《かぜ》が吹《ふ》く理由《りゆう》は低気圧《ていきあつ》の接近《せっきん》と、おわんをさかさまにしたような南極氷床特有《なんきょくひょうしょうとくゆう》の地形《ちけい》にある。標高《ひょうこう》の高《たか》い内陸部《ないりくぶ》で冷《ひ》やされ重《おも》くなった空気《くうき》が、なだらかな斜面《しゃめん》に沿《そ》って海岸方面《かいがんほうめん》へと一気《いっき》に滑《すべ》り降《お》りるんだ。こうして起《お》きる強風《きょうふう》をカタバ風《ふう》と呼《よ》ぶぞ。

画像提供／国立極地研究所

ブリザード

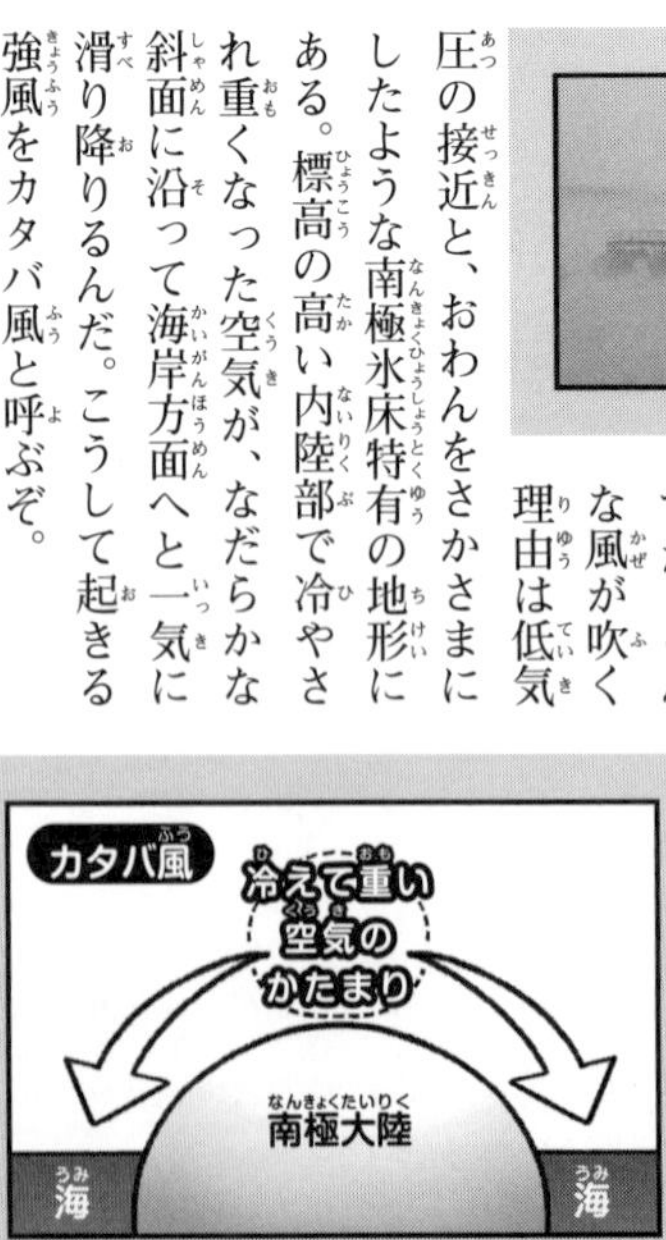

イラスト／佐藤諭

最低気温《さいていきおん》はマイナス89・2℃!! なぜ南極《なんきょく》はここまで寒《さむ》いのか？

観測史上《かんそくしじょう》、地上《ちじょう》で記録《きろく》された最低気温《さいていきおん》はマイナス89・2℃。東南極《ひがしなんきょく》の内陸部《ないりくぶ》（標高《ひょうこう》3488m）にあるロシアのボストーク基地《きち》で計測《けいそく》された。こんなに寒《さむ》い地域《ちいき》は、地球上《ちきゅうじょう》のどこにもない。では、なぜこんなに寒《さむ》いんだろう？

大《おお》きな理由《りゆう》が3つある。ひとつ目《め》は日光《にっこう》が当《あ》たる角度《かくど》。上《うえ》の図《ず》のように、日光《にっこう》は極地《きょくち》に近《ちか》づくほど広《ひろ》い範囲《はんい》に当《あ》たるため熱量《ねつりょう》が分散《ぶんさん》してしまうのだ。

ふたつ目《め》は氷床《ひょうしょう》の存在《そんざい》。せっかく当《あ》たった日光《にっこう》の80～90%を、白《しろ》い氷《こおり》が反射《はんしゃ》してしまう。

そして最後《さいご》の理由《りゆう》が、平均《へいきん》で約《やく》2000mという南極大陸《なんきょくたいりく》の標高《ひょうこう》の高《たか》さ。気温《きおん》は、標高《ひょうこう》が100m上《あ》がるごとに約《やく》1℃ずつ下《さ》がる。これらの理由《りゆう》が重《かさ》なって、標高《ひょうこう》がより高《たか》くなる内陸部《ないりくぶ》では記録的《きろくてき》な低温《ていおん》になるのだ。

イラスト／佐藤諭

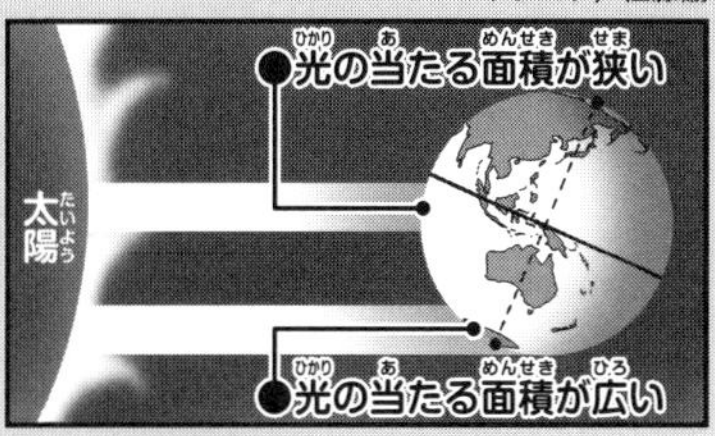

▶降《ふ》り注《そそ》ぐ光《ひかり》の量《りょう》は同《おな》じでも、当《あ》たる面積《めんせき》が広《ひろ》くなるほど熱《ねつ》エネルギーが分散《ぶんさん》し、温《あたた》まりにくくなる。

年間平均気温《ねんかんへいきんきおん》の比較《ひかく》

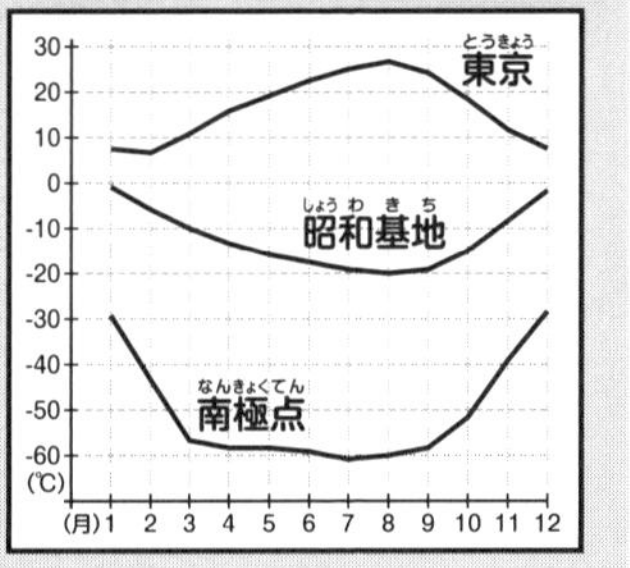

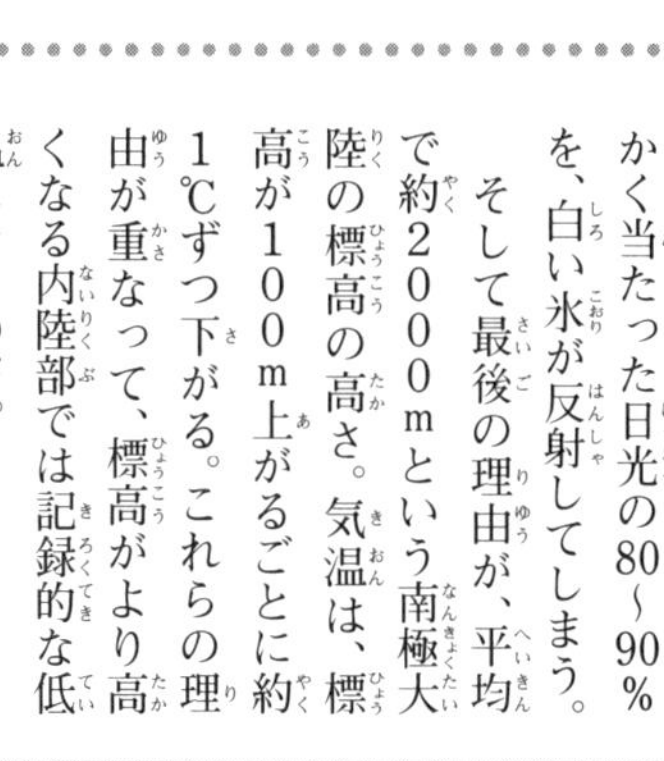

▲海面《かいめん》は日光《にっこう》を吸収《きゅうしゅう》しやすいため暖《あたた》まりやすいが、氷《こおり》はほとんどの日光《にっこう》を反射《はんしゃ》してしまう。

イラスト／佐藤諭

特別《とくべつ》コラム

地球《ちきゅう》が温暖《おんだん》になると南極《なんきょく》の氷床《ひょうしょう》が厚《あつ》くなる？

以前《いぜん》は、温暖化《おんだんか》で南極《なんきょく》の氷《こおり》が全部《ぜんぶ》溶《と》けるのではないかと心配《しんぱい》されていた。でも今《いま》は、むしろ氷床《ひょうしょう》が厚《あつ》くなるという説《せつ》が有力《ゆうりょく》だ。もともと南極《なんきょく》は、砂漠《さばく》並《な》みに降水量《こうすいりょう》の少《すく》ない場所《ばしょ》。温暖化《おんだんか》で海面温度《かいめんおんど》が上昇《じょうしょう》し、雨雲《あまぐも》が発生《はっせい》しやすくなって降水量《こうすいりょう》が増《ふ》えれば、それが新《あら》たな氷床《ひょうしょう》になると考《かんが》えられているんだ。

◀いずれにせよ南極《なんきょく》の環境《かんきょう》は激変《げきへん》しそう…。

イラスト／佐藤諭

南極《なんきょく》には4つの「極《きょく》」がある

南極《なんきょく》の「極《きょく》」といえば、誰《だれ》もが南極点《なんきょくてん》を思《おも》い浮《う》かべるだろう。だが「極《きょく》」と呼《よ》ばれる場所《ばしょ》は、実《じつ》は全部《ぜんぶ》で4か所《しょ》ある。

いったい何《なん》の「極《きょく》」なのか？ それぞれが極《きょく》と呼《よ》ばれる理由《りゆう》と特徴《とくちょう》を解説《かいせつ》しよう。

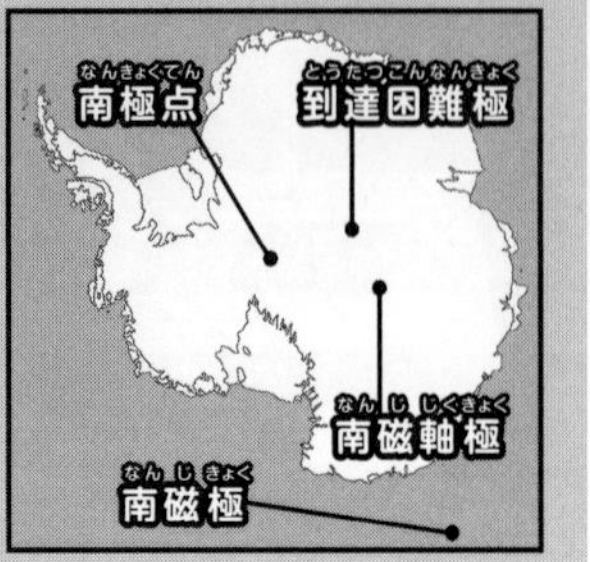

南極点《なんきょくてん》

地球《ちきゅう》の自転軸《じてんじく》と地表面《ちひょうめん》が交《まじ》わる2点《てん》のうちの1点《てん》。南極点《なんきょくてん》は不変《ふへん》ではなく、天球《てんきゅう》に対《たい》して少《すこ》しずつ動《うご》いている。南《なん》極点《きょくてん》には人間《にんげん》が立《た》てた標識《ひょうしき》があるが、氷床《ひょうしょう》の移動《いどう》でずれるため、毎年《まいとし》正《ただ》しい位置《いち》に立《た》て直《なお》されているよ。

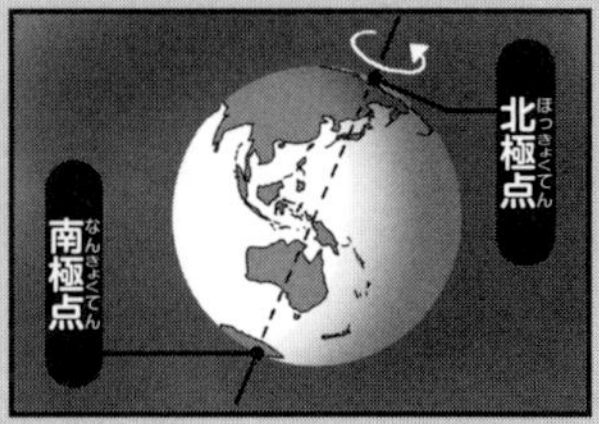

イラスト／佐藤諭

南磁極《なんじきょく》

自由《じゆう》に動《うご》ける磁石《じしゃく》の針《はり》が、垂直《すいちょく》に立《た》つ場所《ばしょ》を南磁《なんじ》極《きょく》と呼《よ》ぶ。2015年《ねん》の時《じ》点《てん》では南緯《なんい》64度《ど》18分《ぷん》、東経《とうけい》136度《ど》36分《ぷん》にあったが、1年《ねん》に10㎞ほどの速《はや》さで北《きた》に向《む》かって移動《いどう》している。

南磁軸極《なんじじくきょく》

実際《じっさい》の磁極《じきょく》とは別《べつ》に、地球全体《ちきゅうぜんたい》の磁場《じば》の分布《ぶんぷ》から計算《けいさん》で導《みちび》き出《だ》した便宜上《べんぎじょう》の磁極《じきょく》が南磁軸極《なんじじくきょく》だ（北極側《ほっきょくがわ》は北磁《ほくじ》軸極《じくきょく》と呼《よ》ぶ）。計算上《けいさんじょう》の磁軸《じじく》なので、南極側《なんきょくがわ》と北極側《ほっきょくがわ》の極《きょく》は地球《ちきゅう》の中心《ちゅうしん》を通《とお》って一直線《いっちょくせん》に結《むす》ぶことができる。

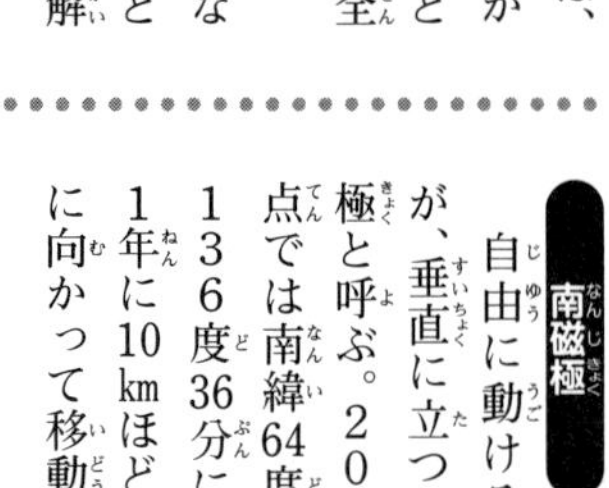

イラスト／佐藤諭

到達困難極《とうたつこんなんきょく》

南極《なんきょく》のあらゆる海岸線《かいがんせん》から、最《もっと》も遠《とお》く離《はな》れた内陸部《ないりくぶ》が到達困難極《とうたつこんなんきょく》（到達困難点《とうたつこんなんてん》ともいう）。南緯《なんい》82度《ど》08分《ぷん》、東経《とうけい》54度《ど》58分《ぶん》にある、きわめて環境《かんきょう》の厳《きび》しい場所《ばしょ》だ。

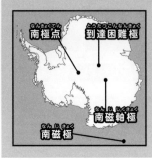

雪《ゆき》がなくても スキーはできる

南極《なんきょく》の不思議《ふしぎ》Q&A《キューアンドエー》

Q オーストラリア固有《こゆう》の生物《せいぶつ》は、元《もと》はアフリカで生《う》まれ、南極《なんきょく》を通《とお》ってオーストラリアに渡《わた》った。本当《ほんとう》？　ウソ？

A 本当《ほんとう》　古生代《こせいだい》、3つの大陸《たいりく》は陸続《りくつづ》きだった。各大陸《かくたいりく》が分裂《ぶんれつ》した後《あと》、オーストラリアの生物《せいぶつ》は独自《どくじ》の進化《しんか》をとげたと考《かんが》えられているよ。

南極《なんきょく》の不思議《ふしぎ》Q&A《キューアンドエー》

Q 南極《なんきょく》の最高峰《さいこうほう》マウント・ビンソン。標高《ひょうこう》4892mのこの山《やま》に登頂《とうちょう》した者《もの》は誰《だれ》もいない。本当《ほんとう》？ ウソ？

A ウソ 1966年《ねん》12月《がつ》17日《にち》、アメリカの登山隊《とざんたい》が初登頂《はつとうちょう》に成功《せいこう》している。

南極《なんきょく》の不思議《ふしぎ》Q&A《キューアンドエー》

Q 南極《なんきょく》のドライバレーでは、動物《どうぶつ》のミイラが多数《たすう》見《み》つかっている。それは何《なに》?

①ペンギン　②アザラシ　③クジラ

家《いえ》がすっかり埋《う》まっちゃってるわ！
こんな景色《けしき》はじめて見《み》た。
屋根《やね》をこえて行《い》っちゃった。
きっと、あのへんてこな帽子《ぼうし》にひみつがあるんだ。
とりあげよう。
だけど、どうやって…。
ドラえもんをだますんだよ。
屋根《やね》の上《うえ》にボールをひっかけたの。高《たか》いとこへ手《て》のとどく道具《どうぐ》を貸《か》して。

A ②アザラシ　ドライバレーは低温《ていおん》の乾燥地帯《かんそうちたい》であるため、腐敗《ふはい》しなかったようだ。だが、アザラシのミイラが多数見《たすうみ》つかる理由《りゆう》は不明《ふめい》だ。

南極《なんきょく》の不《ふ》思《し》議《ぎ》Q&A《キューアンドエー》

Q 近年《きんねん》、氷床《ひょうしょう》の減少《げんしょう》がはげしいといわれている場所《ばしょ》はどっち?

①南極横断山脈《なんきょくおうだんさんみゃく》

②南極半島《なんきょくはんとう》

とられたって!?
とり返《かえ》してよ。
いや、しばらくほっといたほうがいい。
どうして。
雪景色《ゆきげしき》もあきた。
そろそろ帰《かえ》ろうか。
しかし……。
雪《ゆき》を消《け》さないと帰《かえ》れない。
雪《ゆき》を消《け》したら二百《ひゃく》メートルまっさかさま!!
わあ〜〜、どうしよう。

A ②南極半島《なんきょくはんとう》　南極《なんきょく》で最《もっと》も暖《あたた》かく観光船《かんこうせん》も乗《の》り入《い》れている場所《ばしょ》だが、最近《さいきん》は大規模《だいきぼ》な棚氷《たなごおり》の崩壊《ほうかい》が起《お》きている。地球温暖化《ちきゅうおんだんか》の影響《えいきょう》だろうか?

太古《たいこ》の昔《むかし》、南極《なんきょく》は赤道直下《せきどうちょっか》にあった

サクラがさいてるのに、あのバカ～

古生代《こせいだい》、東南極《ひがしなんきょく》は超大陸《ちょうたいりく》ゴンドワナの一部《いちぶ》だった

今《いま》から4億年以上前《おくねんいじょうまえ》の古生代《こせいだい》、東南極《ひがしなんきょく》は現在《げんざい》のアフリカ、南《みなみ》アメリカなどとともに、巨大《きょだい》なゴンドワナ大陸《たいりく》を形成《けいせい》していた。赤道《せきどう》付近《ふきん》に位置《いち》していた。その後《あと》、大陸《たいりく》はゆっくりと分裂《ぶんれつ》し、現在《げんざい》の場所《ばしょ》へ移動《いどう》していったんだ。

イラスト／加藤貴夫

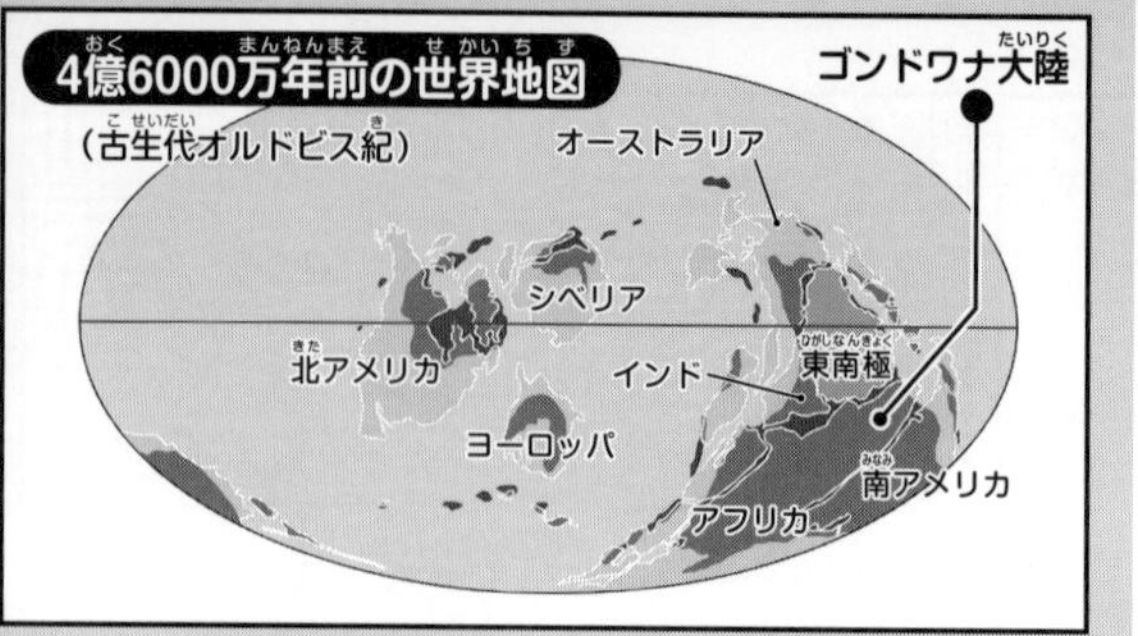
4億《おく》6000万年前《まんねんまえ》の世界地図《せかいちず》
(古生代《こせいだい》オルドビス紀《き》)
ゴンドワナ大陸《たいりく》
オーストラリア
シベリア
北《きた》アメリカ
インド
東南極《ひがしなんきょく》
ヨーロッパ
南《みなみ》アメリカ
アフリカ

大雪《おおゆき》だ。

▲東南極《ひがしなんきょく》が、雪《ゆき》とも氷《こおり》とも縁《えん》がない温暖《おんだん》な赤道直下《せきどうちょっか》にあったとは驚《おどろ》きだ。

南極大陸《なんきょくたいりく》から恐竜《きょうりゅう》の化石《かせき》が発掘《はっくつ》された?

かつて東南極《ひがしなんきょく》が、今《いま》では遠《とお》く離《はな》れた他《ほか》の大陸《たいりく》と地続《じつづ》きだった証拠《しょうこ》がある。古生代《こせいだい》ペルム紀《き》のシダ類《るい》や中生代三畳紀《ちゅうせいだいさんじょうき》の単弓類《たんきゅうるい》など、アフリカやインドで見《み》つかる化石《かせき》が、東南極《ひがしなんきょく》でも発見《はっけん》されているんだ。

ちなみに南極《なんきょく》では、恐竜《きょうりゅう》の化石《かせき》だって見《み》つかっているぞ。額《ひたい》の上《うえ》のとさかが特徴《とくちょう》の肉食恐竜《にくしょくきょうりゅう》で、クリオロフォサウルス（凍《こお》ったとさかを持《も》つトカゲ）と名《な》づけられているぞ。

イラスト／加藤貴夫

クリオロフォサウルス

中生代《ちゅうせいだい》に生息《せいそく》した肉食恐竜《にくしょくきょうりゅう》。南極横断山脈《なんきょくおうだんさんみゃく》の標高《ひょうこう》4000mの地層《ちそう》で発見《はっけん》された。

画像提供／国立極地研究所

東南極《ひがしなんきょく》と西南極《にしなんきょく》は成《な》り立《た》ちがまったく違《ちが》う

東南極《ひがしなんきょく》は、かつてゴンドワナ大陸《たいりく》の一部《いちぶ》だったが、西南極《にしなんきょく》はこれとは別《べつ》の新《あたら》しい時代《じだい》に形成《けいせい》された小《ちい》さな島《しま》の集《あつ》まりだった。これらの島《しま》が東《ひがし》南極《なんきょく》と衝突《しょうとつ》することで、今《いま》の南極大陸《なんきょくたいりく》が形作《かたちづく》られたんだ。東西《とうざい》の南極《なんきょく》は、南極横断山脈《なんきょくおうだんさんみゃく》でへだてられているぞ。

特別《とくべつ》コラム

南極《なんきょく》で見《み》つかる インドと共通《きょうつう》の鉱物《こうぶつ》

東南極《ひがしなんきょく》がゴンドワナ大陸《たいりく》の一《いち》部《ぶ》だったことは、共通《きょうつう》の岩石《がんせき》が存《そん》在《ざい》することからも明《あき》らかだ。特《とく》に昭和基地周辺《しょうわきちしゅうへん》では、インド周辺《しゅうへん》の岩石《がんせき》との共通項《きょうつうこう》が多《おお》い。サファイアやルビーなど、スリランカ（インド南東《なんとう》の島国《しまぐに》）で採掘《さいくつ》される希少鉱物《きしょうこうぶつ》が見《み》つかっているぞ。

◀南極《なんきょく》で見《み》つかったルビーの鉱石《こうせき》。

画像提供／国立極地研究所

南極大陸《なんきょくたいりく》の移動《いどう》

3億《おく》6000万年前《まんねんまえ》（古生代《こせいだい》デボン紀《き》）

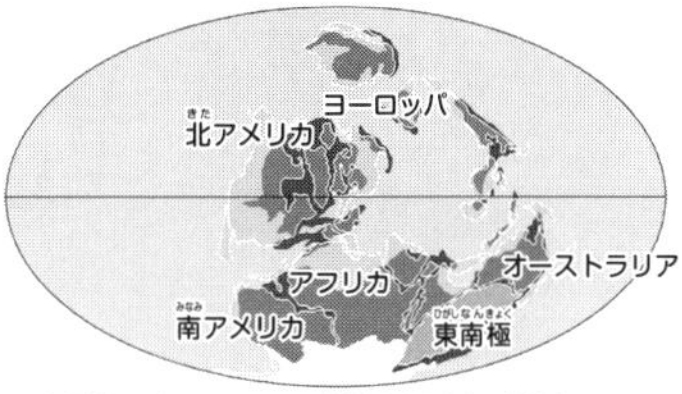

赤道直下《せきどうちょっか》にあった東南極部分《ひがしなんきょくぶぶん》の陸地《りくち》は、およそ1億年《おくねん》かけて少《すこ》しずつ南下《なんか》。また、ゴンドワナ大陸《たいりく》の最南端《さいなんたん》は氷《こおり》におおわれ始《はじ》めた。

1億《おく》9500万年前《まんねんまえ》（中生代《ちゅうせいだい》ジュラ紀《き》）

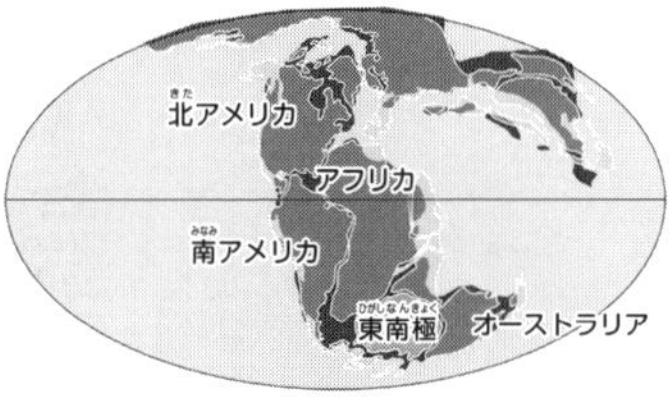

ゴンドワナ大陸《たいりく》と北《きた》アメリカがくっついた超大陸《ちょうたいりく》パンゲアが、再《ふたた》び分裂《ぶんれつ》を始《はじ》めたころ。東南極《ひがしなんきょく》はまだ暖《あたた》かく、恐竜《きょうりゅう》も栄《さか》えていた。

6600万年前《まんねんまえ》（中生代白亜紀《ちゅうせいだいはくあき》）

インドが北上《ほくじょう》し、オーストラリアも南極《なんきょく》と分裂《ぶんれつ》し始《はじ》めた。この後《あと》、約《やく》3000万年《まんねん》かけて南極《なんきょく》は現在《げんざい》の位置《いち》で独立《どくりつ》した大陸《たいりく》となった。

イラスト／加藤貴夫

南極《なんきょく》独特《どくとく》の地理《ちり》を学《まな》ぼう!!

イラスト／加藤貴夫

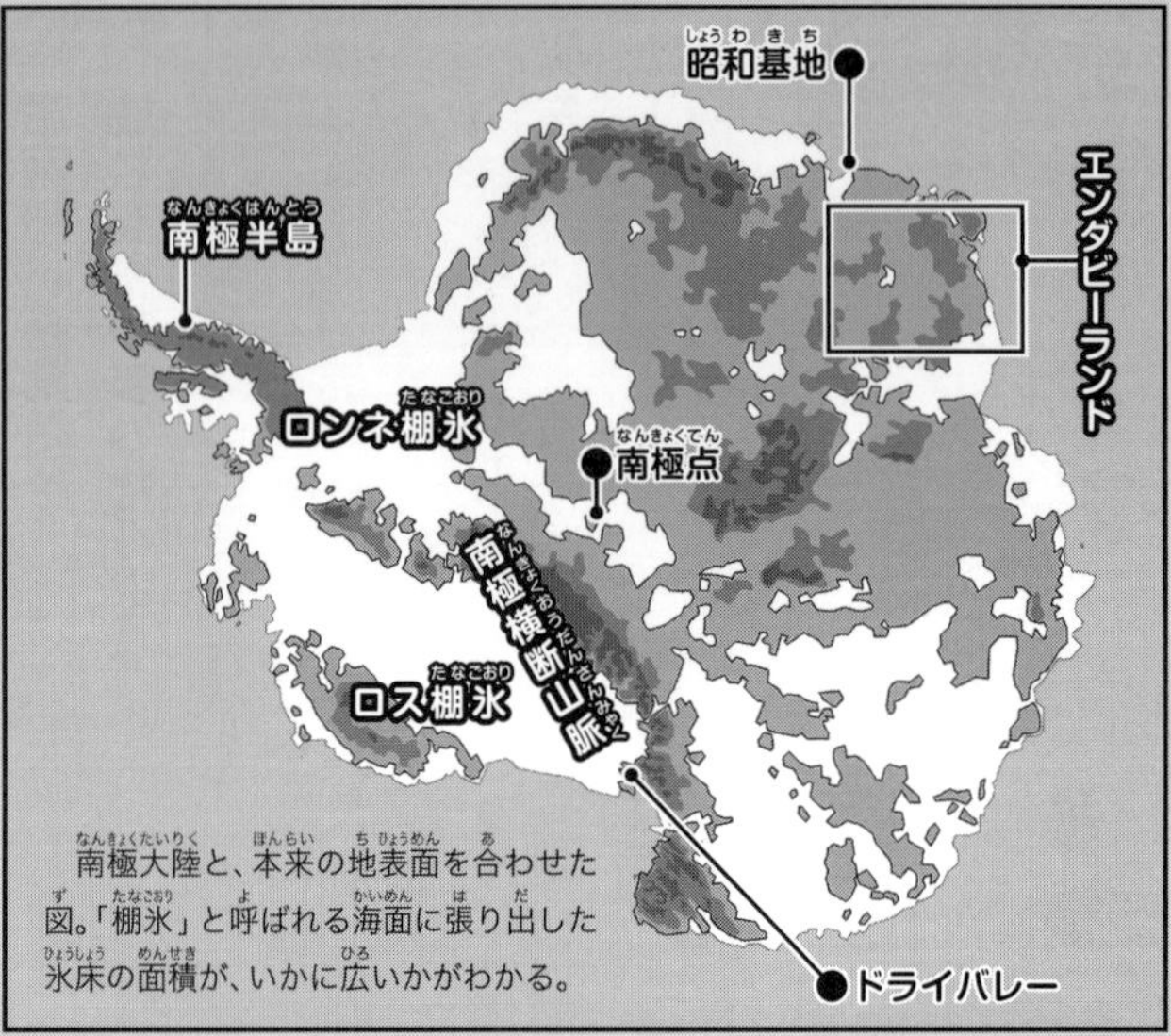

南極大陸《なんきょくたいりく》と、本来《ほんらい》の地表面《ちひょうめん》を合《あ》わせた図《ず》。「棚氷《たなごおり》」と呼《よ》ばれる海面《かいめん》に張《は》り出《だ》した氷床《ひょうしょう》の面積《めんせき》が、いかに広《ひろ》いかがわかる。

海《うみ》に氷床《ひょうしょう》が流《なが》れ出《で》てできる巨大《きょだい》な棚氷《たなごおり》

氷床《ひょうしょう》が海《うみ》に流《なが》れ出《で》て、大陸上《たいりくじょう》の氷床《ひょうしょう》とつながって浮《う》いているものを棚氷《たなごおり》と呼《よ》ぶ。砕氷船《さいひょうせん》が進《すす》める薄《うす》い氷《こおり》は海水《かいすい》が凍《こお》ったもので海氷《かいひょう》と呼《よ》び、棚氷《たなごおり》とは区別《くべつ》されるよ。

画像提供／国立極地研究所

海氷《かいひょう》を割《わ》って進《すす》む砕氷船《さいひょうせん》

南極一《なんきょくいち》の乾燥地帯《かんそうちたい》 ドライバレー

降水量《こうすいりょう》が少《すく》ない南極《なんきょく》の中《なか》でも、特《とく》に乾燥《かんそう》しているドライバレー。ほとんど雪《ゆき》が降《ふ》らないため、地面《じめん》や岩《いわ》が露出《ろしゅつ》している。露岩地域《ろがんちいき》には湖《みずうみ》、沼《ぬま》が多《おお》くあり藻類《そうるい》などがわずかに育《そだ》つ。生物《せいぶつ》にとってはオアシスのような場所《ばしょ》なのだ。

画像提供／国立極地研究所

38億年前《おくねんまえ》の岩石《がんせき》「ナピア岩体《がんたい》」が露出《ろしゅつ》するエンダビーランド

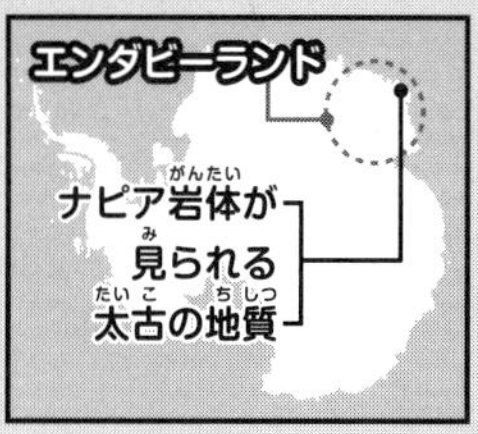

南極《なんきょく》は非常《ひじょう》に古《ふる》い地質《ちしつ》でできている。エンダビーランドの露岩地域《ろがんちいき》には約《やく》38億年前《おくねんまえ》の岩石《がんせき》、ナピア岩体《がんたい》があるのだ。高温《こうおん》・高圧《こうあつ》で作《つく》られたこの岩《いわ》が、46億《おく》年前《ねんまえ》に誕生《たんじょう》したといわれる地球《ちきゅう》の初期《しょき》の姿《すがた》を解明《かいめい》する手《て》がかりになると期待《きたい》されているよ。

南極半島《なんきょくはんとう》は観光《かんこう》もできる

観測隊員《かんそくたいいん》でもない私《わたし》たち一般《いっぱん》人《じん》でも、南極《なんきょく》に行《い》けることは知《し》っているかな？　比較的温暖《ひかくてきおんだん》な夏季《かき》の南極半島《なんきょくはんとう》は、観光旅行《かんこうりょこう》ができるんだ。ペンギンやアザラシを間近《まぢか》で見《み》ることができるツアーが人気《にんき》だよ。

◀ドラえもんとのび太《た》も南極半島《なんきょくはんとう》に上陸《じょうりく》。ペンギンともふれ合《あ》った。

撮影／Kaz

南極《なんきょく》は鉱物資源《こうぶつしげん》の宝庫《ほうこ》！ただし採掘《さいくつ》は許《ゆる》されない

左《ひだり》の図《ず》は、南極《なんきょく》の露岩地域《ろがんちいき》で見《み》つかった主《おも》な鉱物資源《こうぶつしげん》の分布図《ぶんぷず》だ。希少鉱物《きしょうこうぶつ》の多《おお》さに驚《おどろ》かされる。大陸《たいりく》の大半《たいはん》を占《し》める氷床《ひょうしょう》の下《した》の調査《ちょうさ》は困難《こんなん》で、ほとんど進《すす》んでいないが、ゴンドワナ大陸《たいりく》の一部《いちぶ》だった東南極《ひがしなんきょく》にはインドやアフリカと共通《きょうつう》の鉱物資源《こうぶつしげん》がまだまだ埋蔵《まいぞう》されているに違《ちが》いない。ただし、環境保《かんきょうほ》護《ご》のため南緯《なんい》60度《ど》以南《いなん》の鉱《こう》物資源《ぶつしげん》は（学《がく》術的《じゅつてき》な目的《もくてき》を除《のぞ》いて）採掘《さいくつ》が禁止《きんし》されている。しばらくは南極《なんきょく》で資《し》源開発《げんかいはつ》が本格《ほんかく》化《か》することはなさそうだよ。

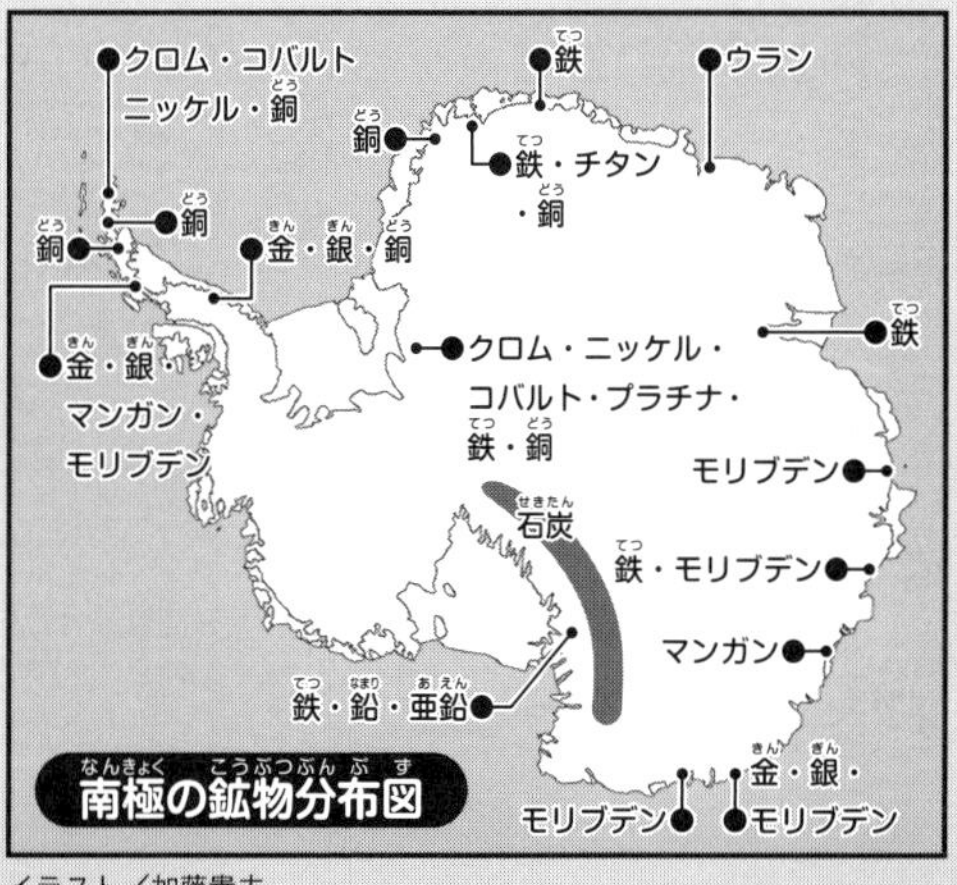

イラスト／加藤貴夫

南極《なんきょく》の氷《こおり》の下《した》には液体《えきたい》の湖《みずうみ》がある!?

氷床下《ひょうしょうか》4㎞には琵琶湖《びわこ》より はるかに巨大《きょだい》な淡水湖《たんすいこ》があった

南極《なんきょく》の調査《ちょうさ》には、アイスレーダーが欠《か》かせない。照射《しょうしゃ》した電磁波《でんじは》の反射《はんしゃ》する時間《じかん》や、強《つよ》さを測《はか》ることで、氷床内《ひょうしょうない》部《ぶ》や岩《がん》盤《ばん》の情報《じょうほう》を知《し》ることができる特殊《とくしゅ》なレーダーだ。これによって、氷床《ひょうしょう》の下《した》には液《えき》体《たい》の水《みず》があることが判明《はんめい》した。氷床《ひょうしょう》の底《そこ》では、氷《こおり》の重《おも》みによる圧力《あつりょく》で氷《こおり》が溶《と》ける。

イラスト/加藤貴夫

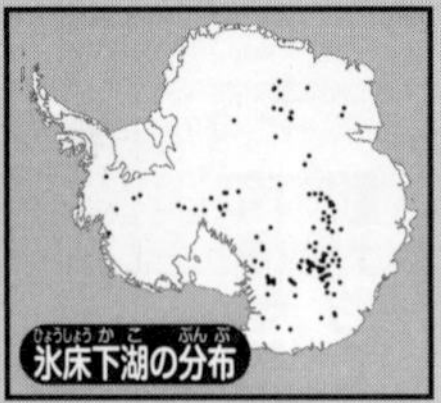

▶氷床下湖《ひょうしょうかこ》のほとんどは、東南極《ひがしなんきょく》に集中《しゅうちゅう》している。

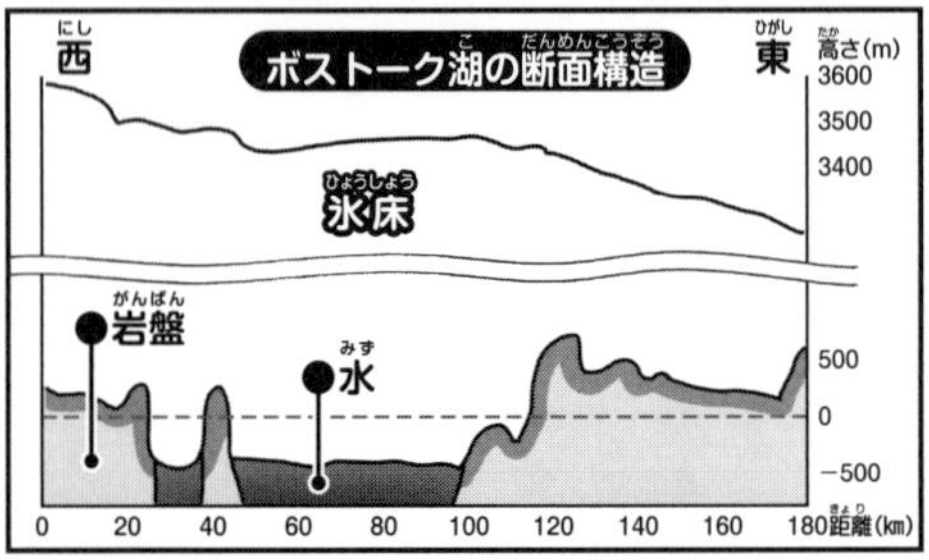

イラスト/佐藤諭

また、氷床下《ひょうしょうか》の岩盤《がんばん》の中《なか》にある熱源物質《ねつげんぶっしつ》(放射性同位元素《ほうしゃせいどういげんそ》と呼《よ》ぶ)から伝《つた》わる熱《ねつ》によっても、氷床底面《ひょうしょうていめん》は溶《と》ける。そのため、氷床下《ひょうしょうか》に液体《えきたい》の湖《みずうみ》ができるのだ。

氷床下《ひょうしょうか》の湖《みずうみ》は、現在《げんざい》379個《こ》も見《み》つかっている。中《なか》でも有名《ゆうめい》なのが南緯《なんい》77度《ど》、東経《とうけい》105度付近《どふきん》にある、長《なが》さ240㎞、幅《はば》50㎞のボストーク湖《こ》。琵琶湖《びわこ》の20倍以上《ばいいじょう》の面積《めんせき》をもつ超巨大湖《ちょうきょだいこ》だよ。

氷床下湖《ひょうしょうかこ》はつながっている?

人工衛星《じんこうえいせい》による測定《そくてい》で、ある湖《みずうみ》の真上《まうえ》の氷《こおり》が低下《ていか》したとき、遠《とお》く離《はな》れた湖《みずうみ》の上《うえ》の氷《こおり》が隆起《りゅうき》するという事実《じじつ》がわかった。これは氷床下湖《ひょうしょうかこ》がそれぞれ独立《どくりつ》しているわけではなく、少《すく》なくともいくつかは水脈《すいみゃく》でつながっているためだと考《かんが》えられているよ。

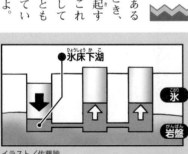

イラスト/佐藤諭

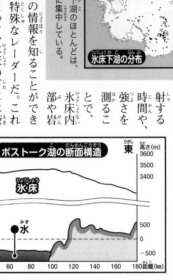

雪《ゆき》ふらし

子《こ》どもは風《かぜ》の子《こ》。おもてであそんできなさい。
ドラえもん、行《い》きなさい。

ぼくは寒《さむ》さに弱《よわ》いんだ。
ぼくも。

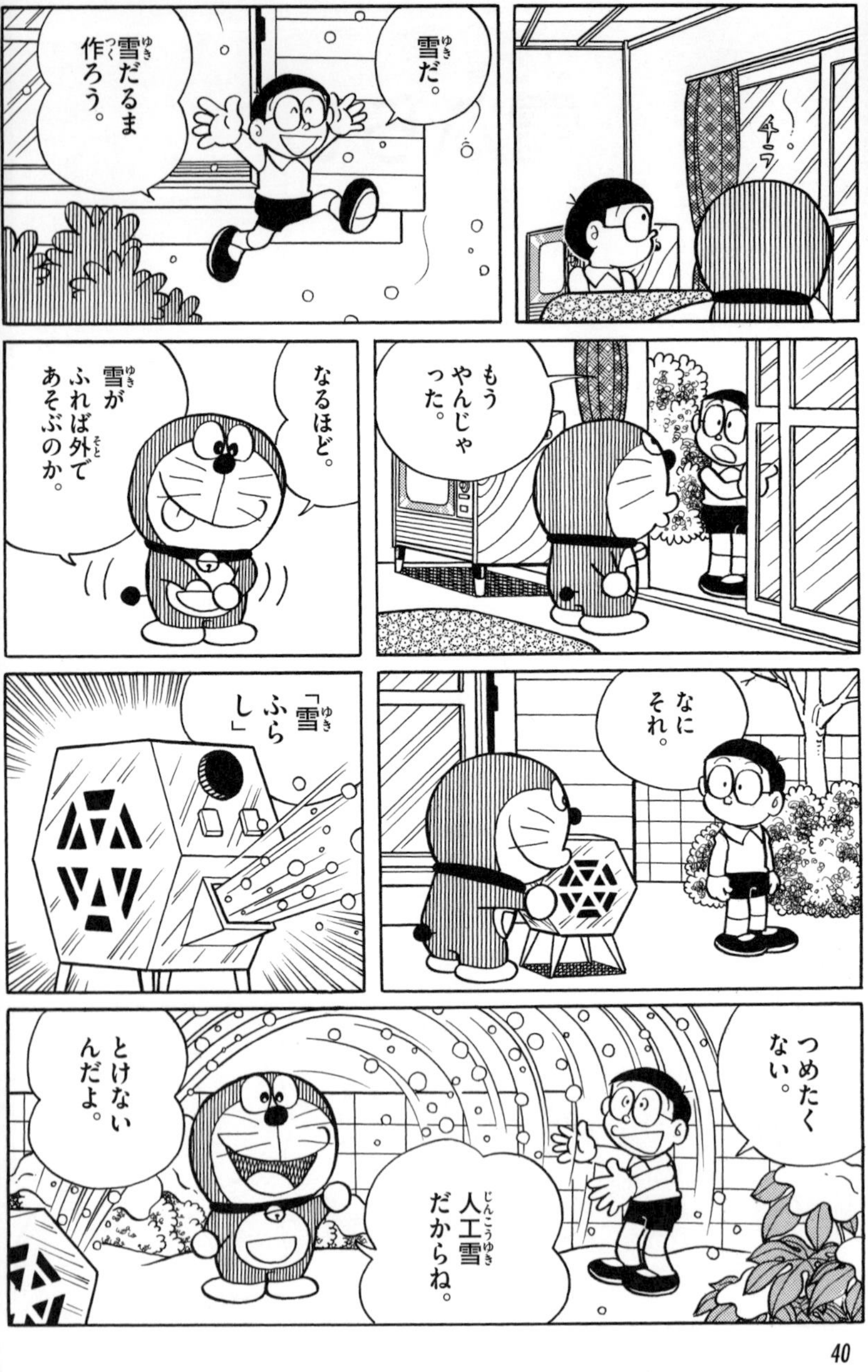

南極《なんきょく》の不思議《ふしぎ》Q&A《キューアンドエー》
Q 日本《にほん》にも氷河《ひょうが》がある。本当《ほんとう》? ウソ?

A 本当《ほんとう》 以前《いぜん》はカムチャツカ半島《はんとう》以南《いなん》に氷河《ひょうが》はないといわれていたが、2012年《ねん》、日本《にほん》の立山連峰《たてやまれんぽう》に氷河《ひょうが》があると認定《にんてい》された。

南極《なんきょく》の不思議《ふしぎ》Q&A《キューアンドエー》

Q 南極圏《なんきょくけん》が南緯《なんい》66度《ど》33分《ぷん》以南《いなん》に決《き》められた理由《りゆう》は、何《なに》と関係《かんけい》している？

①氷厚《ひょうこう》　②気温《きおん》　③日照時間《にっしょうじかん》

A

③日照時間《にっしょうじかん》　夏《なつ》に一日中《いちにちじゅう》日《ひ》が沈《しず》まない「白夜《びゃくや》」が起《お》きるのが南緯《なんい》66度《ど》33分《ぷん》以南《いなん》の地域《ちいき》であるため、南極圏《なんきょくけん》と定《さだ》められた。

南極《なんきょく》の不思議《ふしぎ》Q&A《キューアンドエー》

Q 地球《ちきゅう》はかつて、全球《ぜんきゅう》が南極《なんきょく》のように氷《こおり》におおわれたことがある。本当《ほんとう》？ ウソ？

A 本当《ほんとう》　スノーボールアースと呼《よ》ばれる事象《じしょう》。少《すく》なくとも2度《ど》起《お》きていて（約《やく》7億年前《おくねんまえ》と約《やく》22億年前《おくねんまえ》）生物《せいぶつ》の大量絶滅《たいりょうぜつめつ》をまねいている。

南《なん》極《きょく》は雪《ゆき》と氷《こおり》の世《せ》界《かい》

分《ぶ》厚《あつ》い氷床《ひょうしょう》は どのようにしてできたのか？

画像提供／国立極地研究所

▶▲日本《にほん》では、どんなに雪《ゆき》が積《つ》もっても数《すう》m。南《なん》極《きょく》の氷床《ひょうしょう》はけた違《ちが》いだね。

南《なん》極《きょく》の氷床《ひょうしょう》は、今《いま》から約《やく》4000～3600万《まん》年《ねん》前《まえ》に発《はっ》達《たつ》し始《はじ》め、約《やく》3000万年前《まんねんまえ》には大陸《たいりく》の大《だい》部《ぶ》分《ぶん》をおおったと考《かんが》えられている。

南《なん》極《きょく》の年間降水量《ねんかんこうすいりょう》は、200㎜以《い》下《か》。東《とう》京《きょう》の10分《ぶん》の1という少《すく》なさだ。なのに、なぜ平均氷《へいきんひょう》厚《こう》1860mという途《と》方《ほう》もない氷床《ひょうしょう》ができたのだろう？　それは、南《なん》極《きょく》の気《き》温《おん》が夏《なつ》でも0℃を下回《したまわ》るから。降《ふ》った雪《ゆき》やダイヤモンドダスト（空《くう》気《き》中《ちゅう》のちりや水蒸気《すいじょうき》が凍《こお》りついた小《ちい》さな氷《こおり》の結晶《けっしょう》）が、溶《と》けることなく降《ふ》り積《つ》もっていくからだ。

積《つ》もった雪《ゆき》は、自《じ》分《ぶん》の重《おも》みや新《あら》たに降《ふ》ってくる雪《ゆき》の重《おも》みで圧縮《あっしゅく》されて氷《こおり》に変《か》わる。これが毎年《まいとし》繰《く》り返《かえ》し起《お》こって分《ぶ》厚《あつ》い氷《ひょう》床《しょう》になったんだ。ちなみに氷床《ひょうしょう》の厚《あつ》さや面積《めんせき》は常《つね》に一定《いってい》というわけではない。地球《ちきゅう》規《き》模《ぼ》の気《き》候《こう》の変《へん》化《か》によって、この数千万《すうせんまん》年《ねん》の間《あいだ》にも成長《せいちょう》と縮小《しゅくしょう》を繰《く》り返《かえ》しているよ。

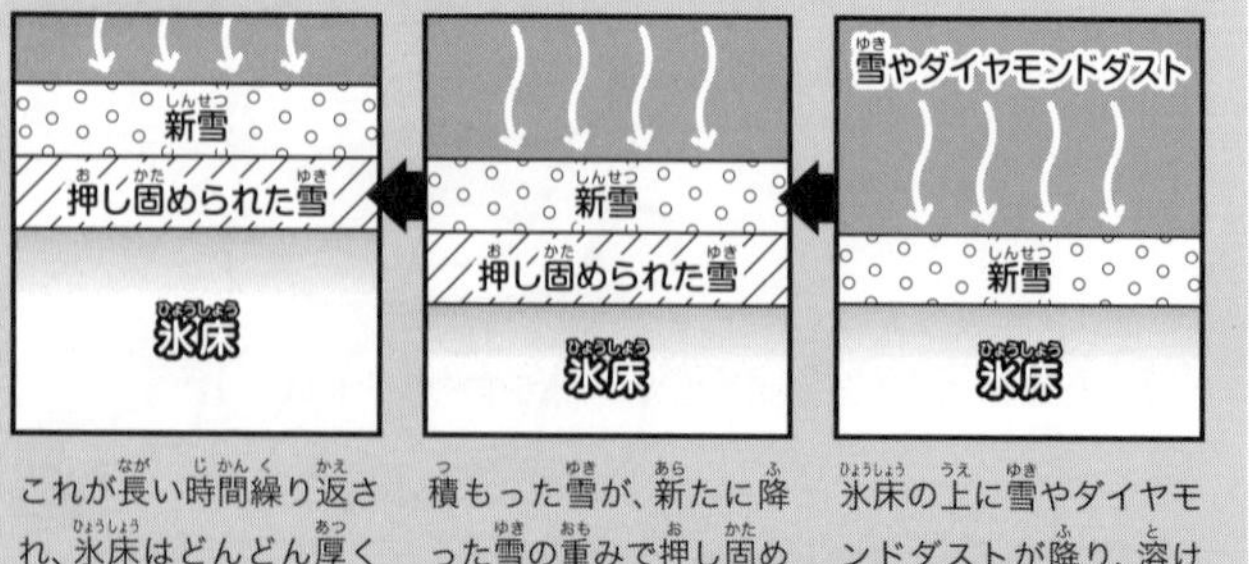

氷床《ひょうしょう》の上《うえ》に雪《ゆき》やダイヤモンドダストが降《ふ》り、溶《と》けることなく積《つ》もっていく。

積《つ》もった雪《ゆき》が、新《あら》たに降《ふ》った雪《ゆき》の重《おも》みで押《お》し固《かた》められ、氷《こおり》になる。

これが長《なが》い時間《じかん》繰《く》り返《かえ》され、氷床《ひょうしょう》はどんどん厚《あつ》くなっていく。

氷床《ひょうしょう》は自《みずか》らの重《おも》みで流動《りゅうどう》する！流《なが》れの速《はや》い場所《ばしょ》は氷流《ひょうりゅう》と呼《よ》ぶぞ

南極《なんきょく》の氷床流動《ひょうしょうりゅうどう》

南極氷床《なんきょくひょうしょう》には、分氷《ぶんひょう》界《かい》と呼《よ》ばれる流動《りゅうどう》の境《さかい》目《め》（図《ず》の太《ふと》い線《せん》）と、そこから海《うみ》へ向《む》かう氷《こおり》の流《なが》れ（細《ほそ》い線《せん》）がある。

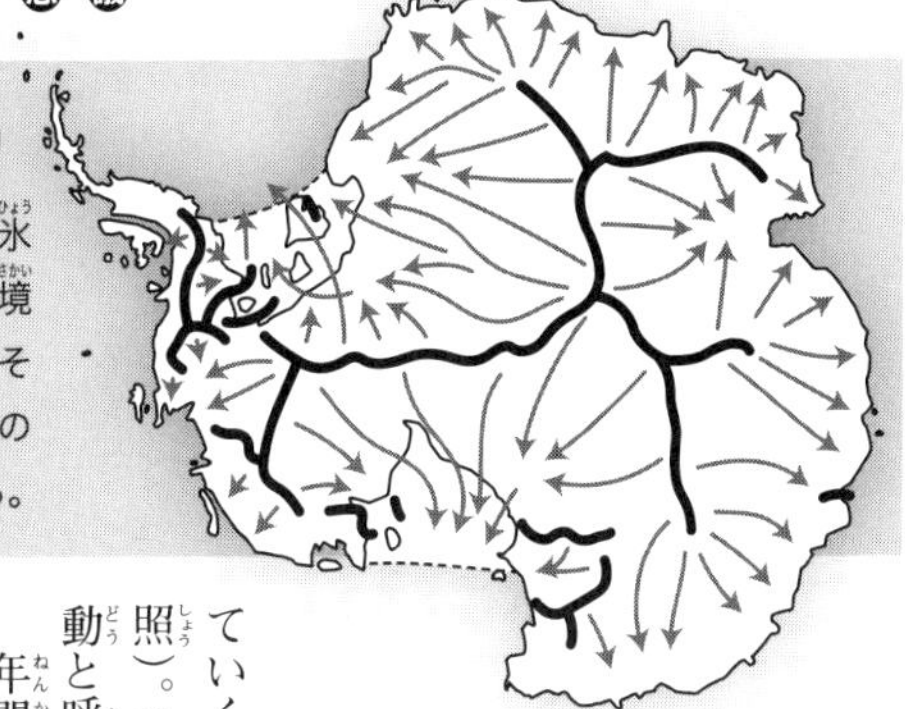

氷床《ひょうしょう》は、ずっと同《おな》じ場所《ばしょ》にとどまって、どんどん厚《あつ》くなっているわけじゃない。重力《じゅうりょく》によって、粘《ねば》り気《け》のある水《みず》あめのように変形《へんけい》したり、岩盤《がんばん》や土砂《どしゃ》の上《うえ》を滑《すべ》ったりして、ゆっくりと低《ひく》い方《ほう》に流《なが》れていくのだ（48ページの図参《ずさん》照《しょう》）。この氷《こおり》の動《うご》きを、氷床流《ひょうしょうりゅう》動《どう》と呼《よ》ぶぞ。

年間《ねんかん》の氷床流動距離《ひょうしょうりゅうどうきょり》は、中《ちゅう》央部《おうぶ》付近《ふきん》で年間《ねんかん》5m程度《ていど》、斜《しゃ》面《めん》で5～100m、沿岸部《えんがんぶ》の最《もっと》も速《はや》い場所《ばしょ》では2～3kmだといわれている。5mと100mでは大《おお》きな差《さ》があるが、これは地形《ちけい》によって流動《りゅうどう》する速《はや》さが変《か》わるからだ。中《なか》でも、特《とく》に流《なが》れの速《はや》い場所《ばしょ》を「氷流《ひょうりゅう》」と呼《よ》ぶ。流《りゅう》域全体《いきぜんたい》から氷《こおり》が集《あつ》まり、河川《かせん》のような形《かたち》に見《み》えるため、こう名《な》づけられた。また、氷河《ひょうが》の傾斜《けいしゃ》が急《きゅう》で、まるで氷《こおり》の滝《たき》のように見《み》える場所《ばしょ》は「氷瀑《ひょうばく》」と呼《よ》ばれる。どちらも極地《きょくち》の自然《しぜん》が生《う》み出《だ》した、幻想的《げんそうてき》な絶景《ぜっけい》だ。

ちなみに、昭和基地《しょうわきち》のあるリュツォ・ホルム湾《わん》の奥《おく》には、南極一《なんきょくいち》流《なが》れが速《はや》いことで有名《ゆうめい》な「白瀬氷《しらせひょう》河《が》」と呼《よ》ばれる氷流《ひょうりゅう》がある。全長《ぜんちょう》85km、最大幅《さいだいはば》10kmという巨大《きょだい》なものだ。氷流《ひょうりゅう》の下《した》に潤滑剤《じゅんかつざい》になるような水《みず》が存在《そんざい》することや、基盤《きばん》の下《した》の深《ふか》い谷《たに》の地形《ちけい》が流《なが》れを速《はや》くしている可能性《かのうせい》があるぞ。

画像提供／国立極地研究所

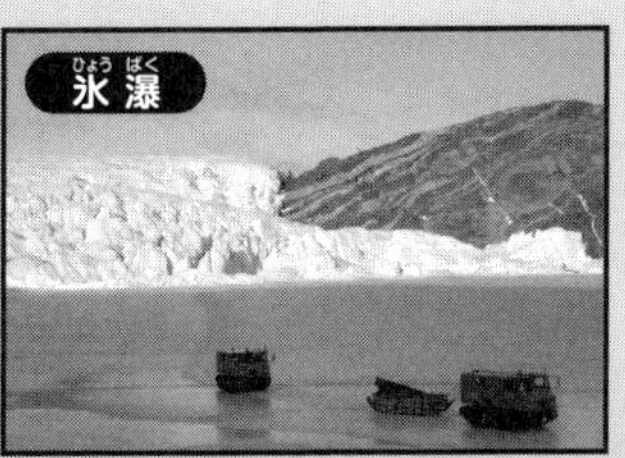

◀氷河《ひょうが》や氷瀑《ひょうばく》の動《うご》きは、肉眼《にくがん》ではわからないほどゆっくりだ。

画像提供／国立極地研究所

イラスト／佐藤諭

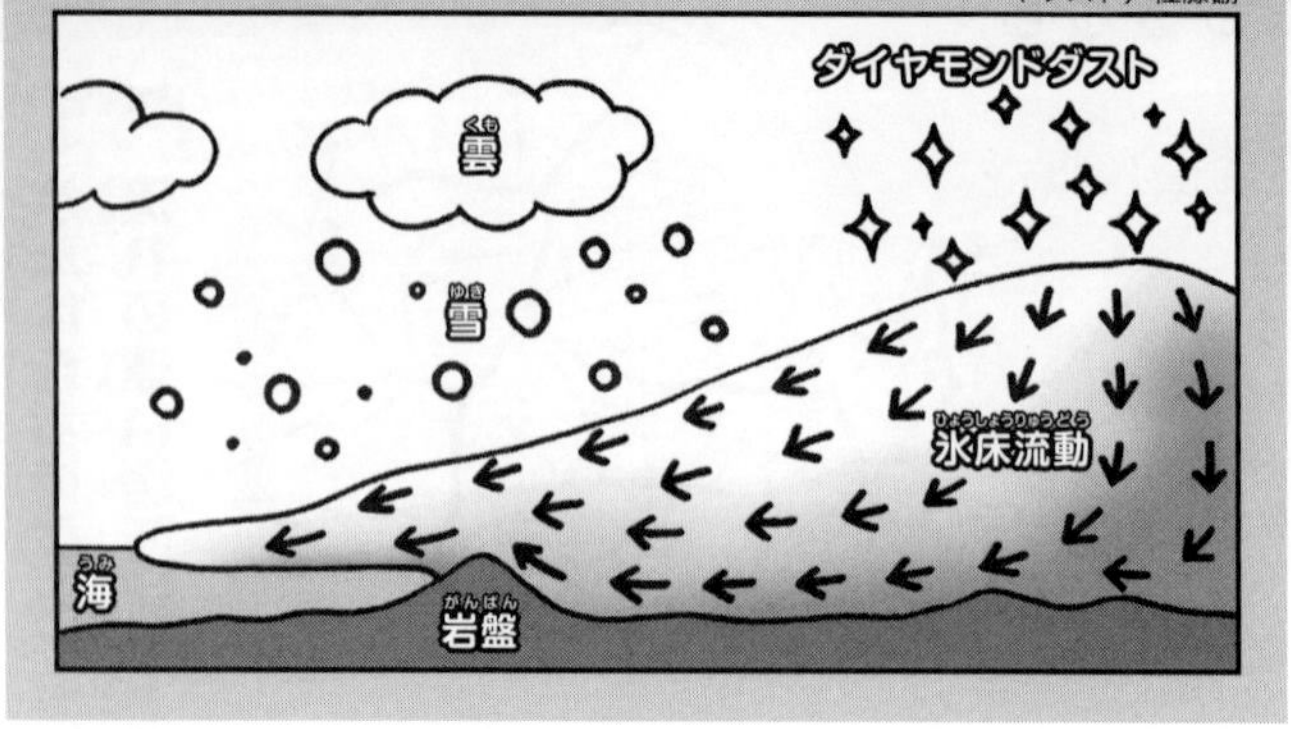

海《うみ》にまで流《なが》れ出《だ》した氷床《ひょうしょう》は棚氷《たなごおり》となり、氷山《ひょうざん》となる

南極氷床《なんきょくひょうしょう》は、すべてが陸上《りくじょう》にあるわけじゃない。内陸部《ないりくぶ》から長《なが》い年月《ねんげつ》をかけて海岸《かいがん》まで到達《とうたつ》した氷《こおり》は、海《うみ》に流《なが》れ出《だ》す。

このように海《うみ》に流《なが》れ出《だ》して浮《う》いている氷床《ひょうしょう》の部分《ぶぶん》を「棚氷《たなごおり》」と呼《よ》ぶぞ。

棚氷《たなごおり》の面積《めんせき》は、南極《なんきょく》大陸《たいりく》の総面積《そうめんせき》1388万《まん》㎢の10%以上《いじょう》に当《あ》たる156万《まん》㎢。日本《にほん》の総面積《そうめんせき》37万《まん》8000㎢をはるかにしのぐのだから驚《おどろ》かされる。氷《こおり》の厚《あつ》みも十分《じゅうぶん》で1000mに達《たっ》する場所《ばしょ》もあるという。さて、この棚氷《たなごおり》がさらに海上《かいじょう》に張《は》り出《だ》していくとどうなるだろう？

海《うみ》にはうねりや潮《しお》の満《み》ち引《ひ》きがある。その振動《しんどう》で亀裂《きれつ》が生《しょう》じ、棚氷《たなごおり》の先《さき》が切《き》り離《はな》されてしまうのだ。これが「氷山《ひょうざん》」と呼《よ》ばれるもので、やがて温暖《おんだん》な海域《かいいき》に運《はこ》ばれて、海《うみ》に戻《もど》っていくんだ。

イラスト／佐藤諭

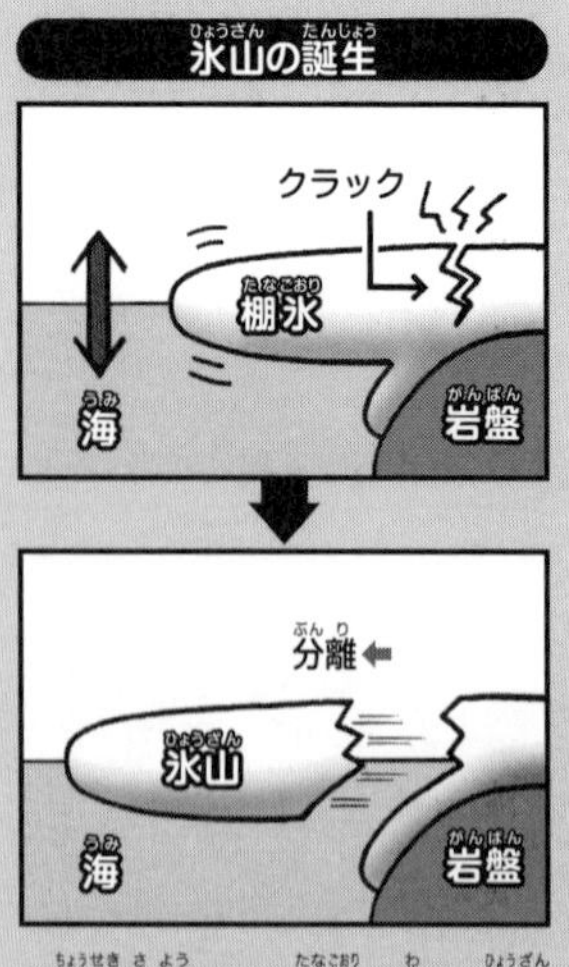

▲潮汐作用《ちょうせきさよう》などで棚氷《たなごおり》が割《わ》れ、氷山《ひょうざん》となる。これが絶《た》えず繰《く》り返《かえ》されるため、氷床《ひょうしょう》の総面積《そうめんせき》が増《ふ》え続《つづ》けることはない。

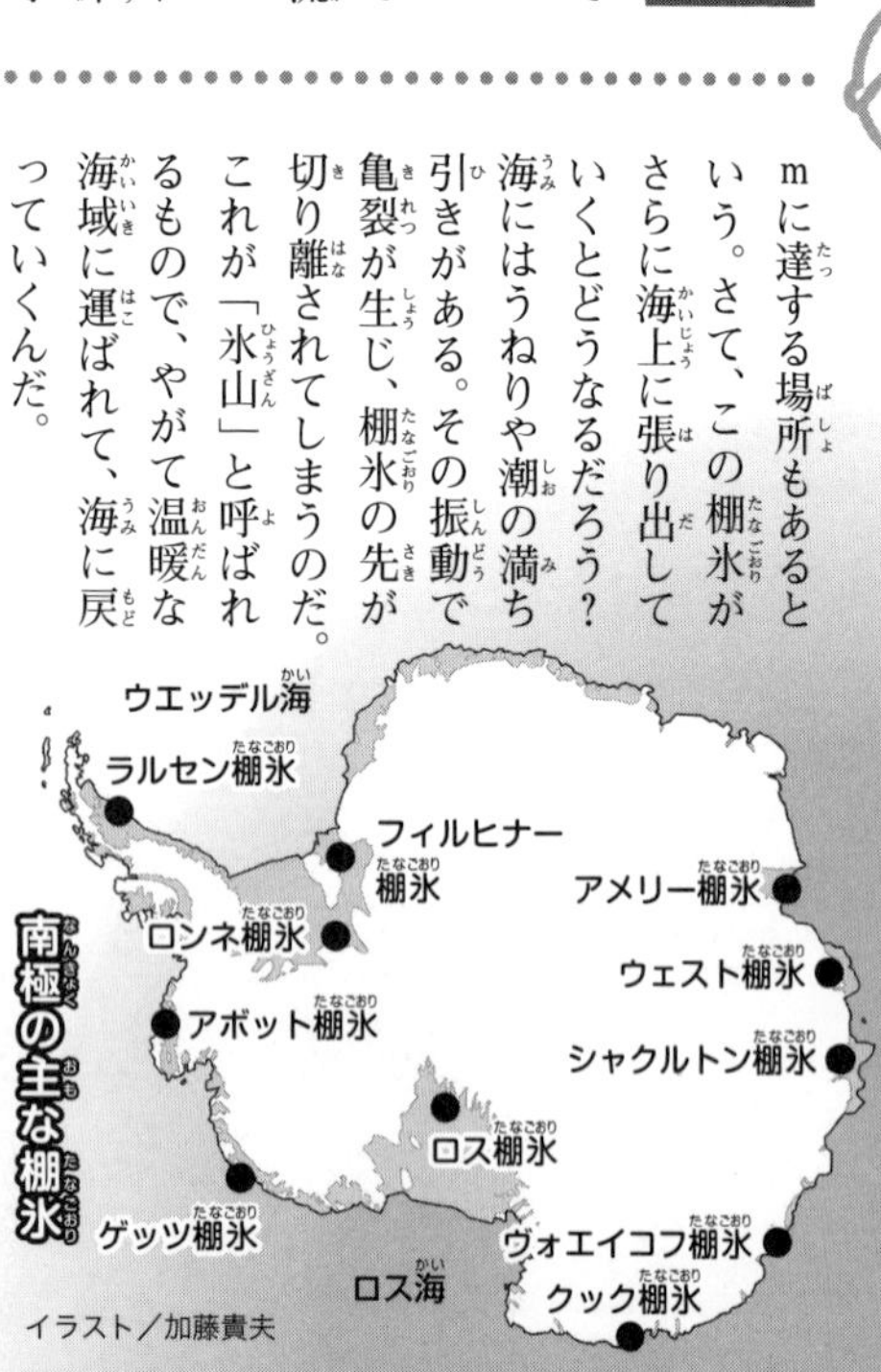

イラスト／加藤貴夫

氷床上《ひょうしょうじょう》で起《お》きる南極《なんきょく》ならではの積雪現象《せきせつげんしょう》

先《さき》にふれた氷流《ひょうりゅう》や氷瀑《ひょうばく》も、壮大《そうだい》で美《うつく》しい自然現象《しぜんげんしょう》だった。だが、極寒《ごっかん》の南極《なんきょく》が生《う》み出《だ》す絶景《ぜっけい》は他《ほか》にもまだまだある。ここでは特《とく》に美《うつく》しい3つの積雪現象《せきせつげんしょう》を、写真《しゃしん》とともに紹介《しょうかい》しよう。

サスツルギ

風《かぜ》が一定方向《いっていほうこう》に強《つよ》く吹《ふ》く場所《ばしょ》で見《み》られるのが「サスツルギ」。積《つ》もったばかりの雪《ゆき》が強《つよ》い風《かぜ》に削《けず》られ、氷床上《ひょうしょうじょう》に鋭角的《えいかくてき》な雪模様《ゆきもよう》ができる現象《げんしょう》のことだ。南極独特《なんきょくどくとく》のカタバ風《ふう》は、大陸中心部《たいりくちゅうしんぶ》の高地《こうち》から海岸方面《かいがんほうめん》に吹《ふ》き下《くだ》っていくため、この筋状《すじじょう》の模様《もよう》もほとんどが海《うみ》に向《む》かって伸《の》びていくよ。

▶模様《もよう》の先端《せんたん》が鋭《するど》くなっている方《ほう》が、風上側《かざかみがわ》を示《しめ》している。

画像提供／国立極地研究所

デューン

降雪《こうせつ》がブリザードによって移動《いどう》して、比較的平坦《ひかくてきへいたん》な雪面上《せつめんじょう》に、風向《かざむ》きに平行《へいこう》に細長《ほそなが》く形成《けいせい》される雪《ゆき》の吹《ふ》きだまり現象《げんしょう》を「デューン」と呼《よ》ぶ。サスツルギとは対照的《たいしょうてき》に、なだらかに積《つ》もるのが特徴《とくちょう》だよ。

雪《ゆき》まりも

自然《しぜん》にできた雪玉《ゆきだま》のこと。1995年《ねん》、ドームふじ基地付近《きちふきん》で日本人《にほんじん》により発見《はっけん》されたため「雪《ゆき》まりも」という日本語《にほんご》の名称《めいしょう》がつけられた。針状《はりじょう》の霜《しも》がいくつもからみ合《あ》い、風《かぜ》で転《ころ》がって大《おお》きくなって、この形《かたち》になったんだ。

画像提供／国立極地研究所

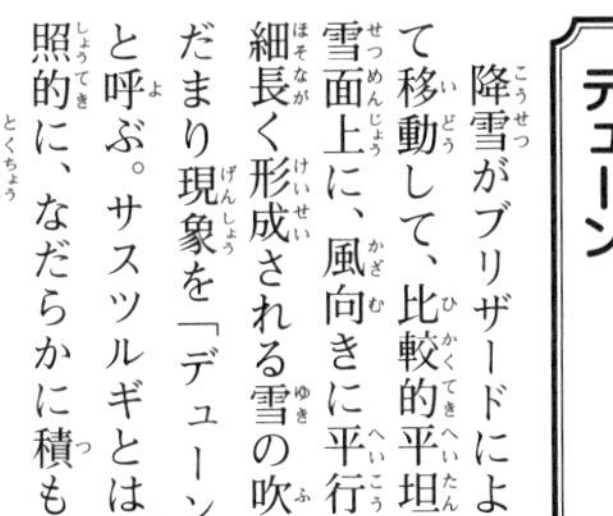

▲写真《しゃしん》のように、雪上車《せつじょうしゃ》のわだちの上《うえ》にできた雪模様《ゆきもよう》がデューンだぞ。

画像提供／国立極地研究所

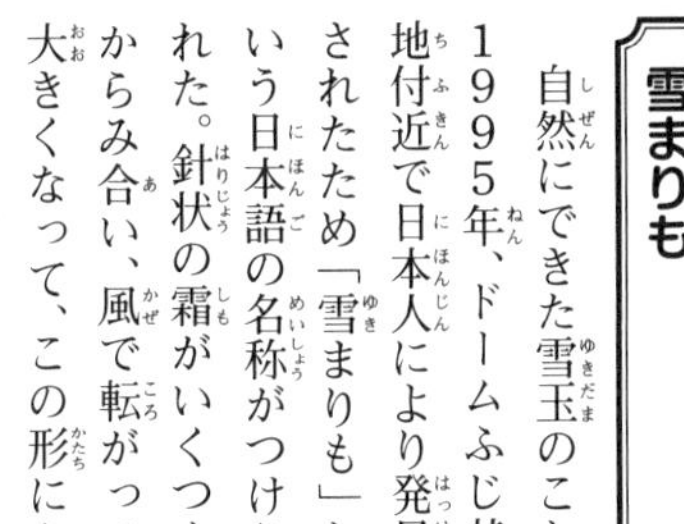

▲人《ひと》が握《にぎ》って固《かた》めたものではないため、雪玉《ゆきだま》は非常《ひじょう》にもろい。

とめかたがわからなかったんだよ。

氷床《ひょうしょう》コアは地球環境《ちきゅうかんきょう》のタイムカプセル

3000m下《した》の氷《こおり》の中《なか》には100万年前《まんねんまえ》の情報《じょうほう》が眠《ねむ》っている

南極氷床《なんきょくひょうしょう》は長《なが》い年月《ねんげつ》をかけて雪《ゆき》が積《つ》もってできたもの。つまりその氷《こおり》は、過去《かこ》の氷床表面《ひょうしょうひょうめん》にあった空気《くうき》やちりを閉《と》じ込《こ》めて、天然《てんねん》の冷蔵庫《れいぞうこ》の中《なか》で当時《とうじ》の形《かたち》で保存《ほぞん》している。この氷床《ひょうしょう》の深《ふか》い部分《ぶぶん》を柱状《はしらじょう》（氷床《ひょうしょう》コア）に掘《ほ》り出《だ》して、長期《ちょうき》に渡《わた》る地球環境《ちきゅうかんきょう》の変化《へんか》と原因《げんいん》を探《さぐ》ろうとする試《こころ》みが、南極《なんきょく》で進《すす》められているぞ。すでに日本《にほん》のドームふじ基地《きち》では、72万年間《まんねんかん》の情報《じょうほう》が詰《つ》まった3000m下《した》の氷床《ひょうしょう》コアを取《と》り出《だ》すことに成功《せいこう》。次《つぎ》は、100万年前《まんねんまえ》の情報《じょうほう》を持《も》つ氷床《ひょうしょう》コアを採取《さいしゅ》して、氷期《ひょうき》と間氷期《かんひょうき》のサイクルが約《やく》80万年前《まんねんまえ》に突然《とつぜん》変《か》わった理由《りゆう》や、77万年前《まんねんまえ》に地球磁場《ちきゅうじば》の反転《はんてん》（同時《どうじ》に磁場自体《じばじたい》が消《き》え、地表《ちひょう》が宇宙線《うちゅうせん》にさらされたといわれている）が、気候《きこう》や生物《せいぶつ》にどんな影響《えいきょう》を与《あた》えたかなどが解明《かいめい》されると期待《きたい》されているぞ。

画像提供／国立極地研究所

イラスト／佐藤諭

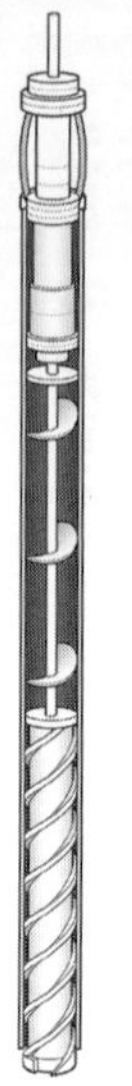

氷床深層掘削《ひょうしょうしんそうくっさく》ドリル

日本《にほん》の観測隊《かんそくたい》が使《つか》うドリルは、深《ふか》さ3000mに約《やく》2時間《じかん》で到達《とうたつ》。1回《いっかい》に長《なが》さ3・8m、直径《ちょっけい》9・4㎝の氷床《ひょうしょう》コアを採取《さいしゅ》できる。

イラスト／加藤貴夫

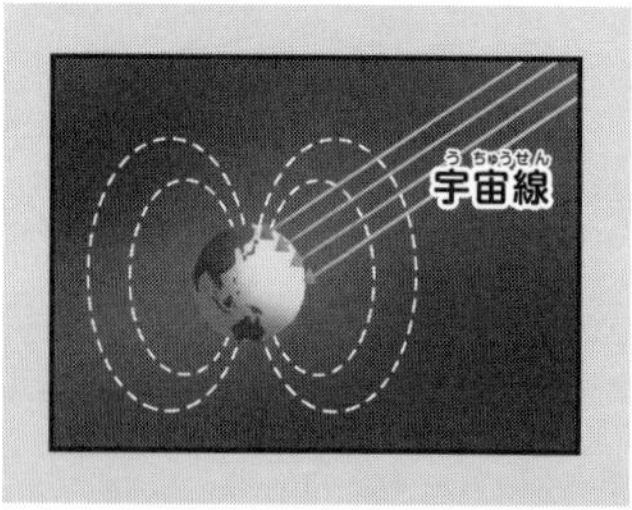
宇宙線《うちゅうせん》

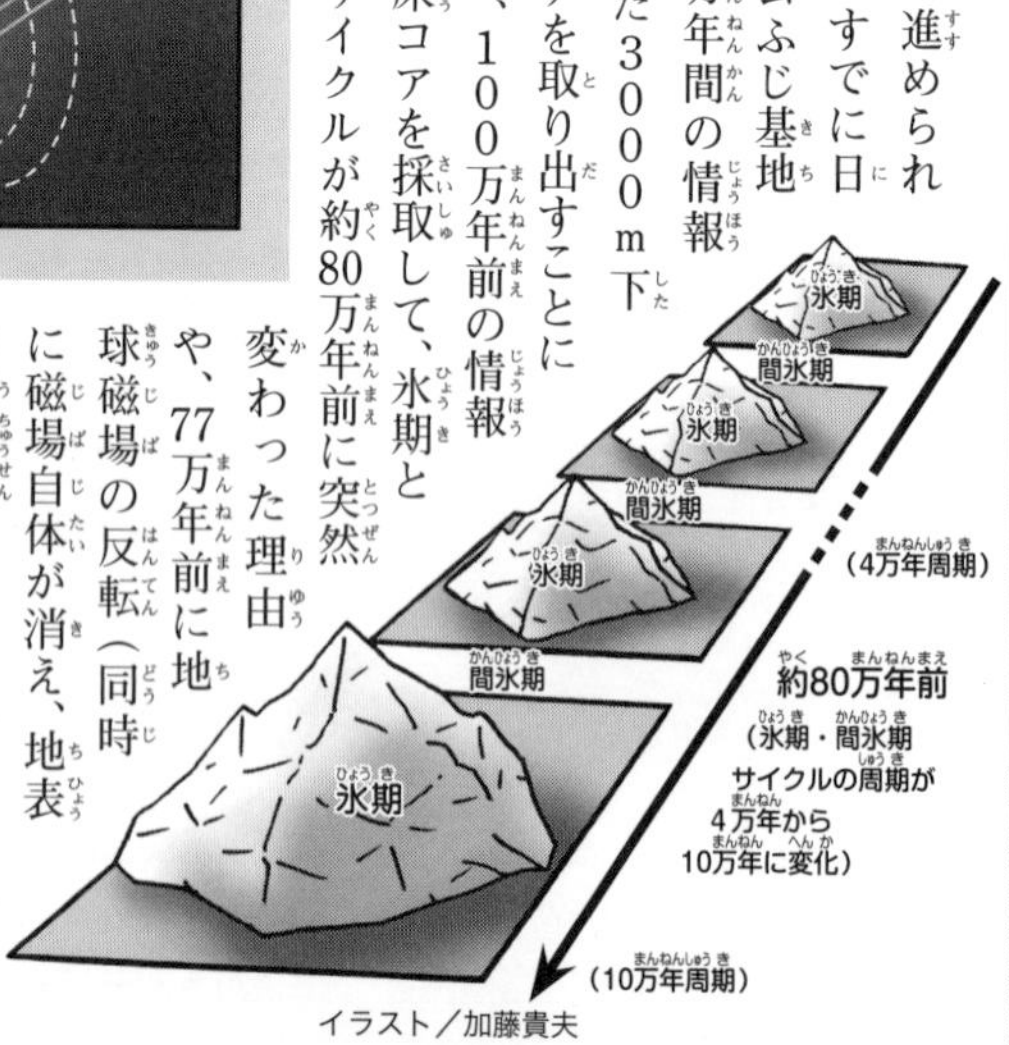
氷期《ひょうき》
間氷期《かんひょうき》
氷期《ひょうき》
間氷期《かんひょうき》
氷期《ひょうき》
間氷期《かんひょうき》
氷期《ひょうき》
（4万年周期《まんねんしゅうき》）
約《やく》80万年前《まんねんまえ》
（氷期《ひょうき》・間氷期《かんひょうき》サイクルの周期《しゅうき》が4万年《まんねん》から10万年《まんねん》に変化《へんか》）
（10万年周期《まんねんしゅうき》）

イラスト／加藤貴夫

精霊《せいれい》よびだしうでわ

南極《なんきょく》の不思議《ふしぎ》Q&A《キューアンドエー》

Q 南極海《なんきょくかい》の海水温《かいすいおん》は水《みず》が氷《こお》る0℃以下《いか》になる。本当《ほんとう》？　ウソ？

A 本当《ほんとう》 海水《かいすい》は塩分《えんぶん》が含《ふく》まれている分凍《ぶんこお》りにくく、南極海《なんきょくかい》では約《やく》マイナス2℃くらいになっているんだ。

南極《なんきょく》の不思議《ふしぎ》Q&A《キューアンドエー》

Q 南極海《なんきょくかい》はすべて南極圏《なんきょくけん》の中《なか》にある海《うみ》だ。本当《ほんとう》? ウソ?

A ウソ　南極圏《なんきょくけん》は南緯《なんい》66・3度《ど》以南《いなん》。南極海《なんきょくかい》は南緯《なんい》60度《ど》まで広《ひろ》がっているので、すべてが南極圏《なんきょくけん》ではないんだ。

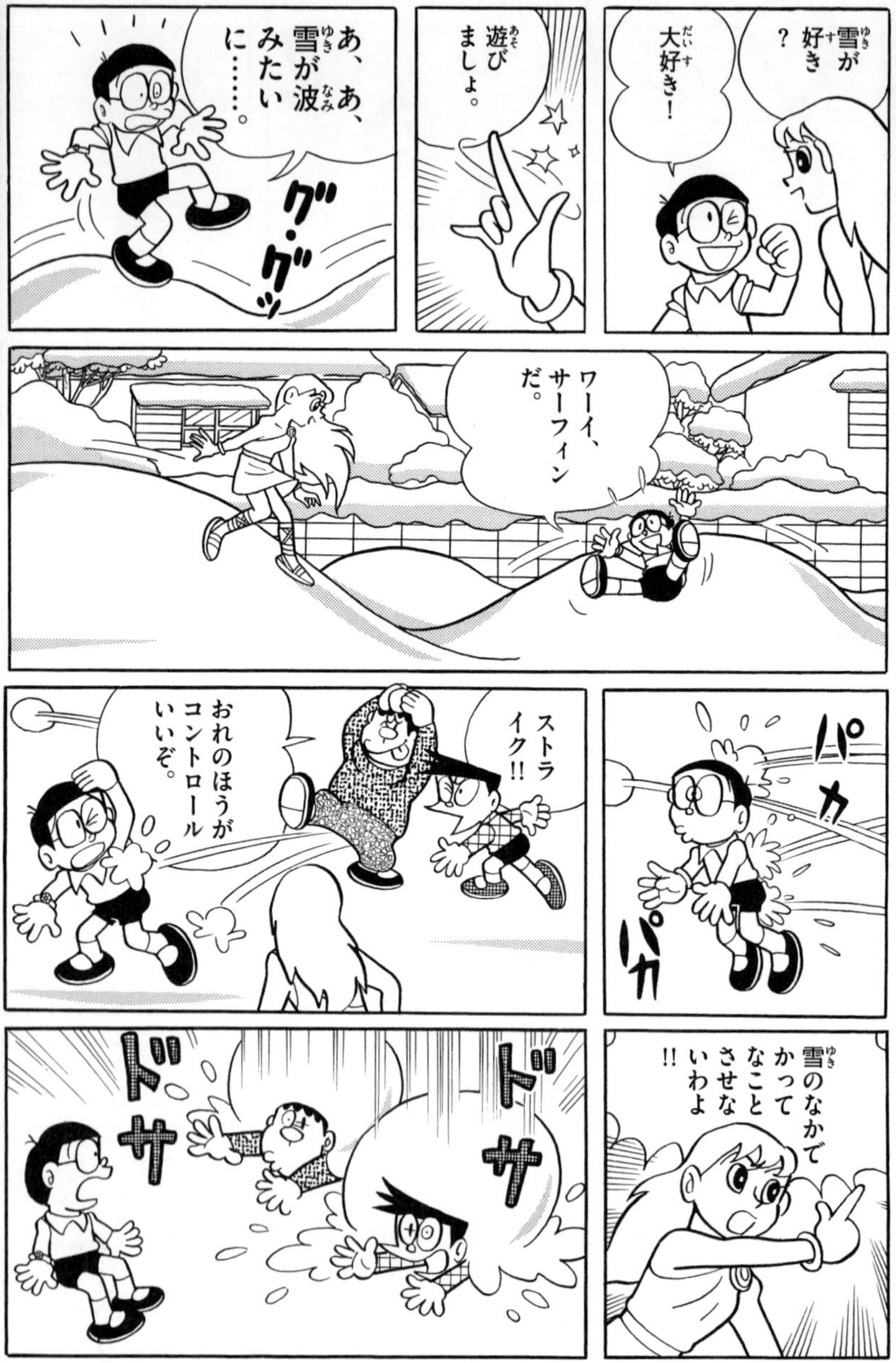

南極《なんきょく》の不思議《ふしぎ》Q&A《キューアンドエー》

Q 南極《なんきょく》で息《いき》を吐《は》くと、ものすごく白《しろ》い息《いき》になる。本当《ほんとう》？　ウソ？

A ウソ　南極《なんきょく》の空気《くうき》はきれいなため、吐《は》いた息《いき》の水蒸気《すいじょうき》が水滴《すいてき》になりにくい。ほとんど白《しろ》くならないんだ。

Q 南極点《なんきょくてん》に行《い》くと体重《たいじゅう》が重《おも》くなる。本当《ほんとう》? ウソ?

A 本当《ほんとう》 地球《ちきゅう》の遠心力《えんしんりょく》の関係《かんけい》で、赤道付近《せきどうふきん》と比《くら》べると体重《たいじゅう》30kgの人《ひと》で約《やく》150gくらい重《おも》くなるぞ。

南極《なんきょく》の不思議《ふしぎ》Q&A《キューアンドエー》

Q 南極大陸《なんきょくたいりく》では海《うみ》に近《ちか》いところがいちばん寒《さむ》い。本当《ほんとう》? ウソ?

A ウソ　海水温《かいすいおん》はマイナス2℃くらいで、南極《なんきょく》の最低気温《さいていきおん》よりずっと温《あたた》かい。だから海《うみ》から遠《とお》い方《ほう》が寒《さむ》いんだ。

ほえる！狂《くる》う！絶叫《ぜっきょう》する!! 南極《なんきょく》を取《と》り囲《かこ》む南極海《なんきょくかい》

南極海《なんきょくかい》は世界《せかい》で一番《いちばん》荒《あ》れる大洋《たいよう》

南極《なんきょく》をめざして進《すす》んでいくと、南緯《なんい》30度《ど》を越《こ》えるあたりから、いつも西《にし》からの風《かぜ》が吹《ふ》くようになる。地球《ちきゅう》の自転《じてん》の影響《えいきょう》で起《お》きる偏西風《へんせいふう》という西風《にしかぜ》だ。実《じつ》は、偏西風《へんせいふう》は地球《ちきゅう》のちょうど反対側《はんたいがわ》の北緯《ほくい》35度《ど》の東京上空《とうきょうじょうくう》でも吹《ふ》いている。ただ、北半球《きたはんきゅう》では陸地《りくち》が風《かぜ》の通《とお》り道《みち》を邪魔《じゃま》するため、地上《ちじょう》ではそれほどの強《つよ》さは感《かん》じない。

ところが、南半球《みなみはんきゅう》は陸地《りくち》が少《すく》なくて、南緯《なんい》40度《ど》を越《こ》えると南《みなみ》アメリカ大陸《たいりく》の南端《なんたん》と小《ちい》さな島《しま》しかない。風《かぜ》は邪魔《じゃま》されずに強《つよ》く吹《ふ》くことができて、海上《かいじょう》には強《つよ》い波《なみ》が起《お》きるんだ。風《かぜ》と波《なみ》は緯《い》度《ど》が上《あ》がるほど強《つよ》くなって、「ほえる40度《ど》」「狂《くる》う50度《ど》」と呼《よ》ばれる大荒《おおあ》れになる。南緯約《なんいやく》55度《ど》の南《みなみ》アメリカ大陸《たいりく》の最南端《さいなんたん》を過《す》ぎると、南極大陸《なんきょくたいりく》までの間《あいだ》に大《おお》きな陸地《りくち》はまったくない。ちょうど高緯度低圧帯《こういどていあつたい》という低気圧《ていきあつ》の通《とお》り道《みち》になっていて、荒《あ》れた日《ひ》には風速《ふうそく》は秒速《びょうそく》40mを超《こ》え、波《なみ》の高《たか》さはビルの5階《かい》くらいの高《たか》さの約《やく》15mにもなる。

「絶叫《ぜっきょう》する60度《ど》」と呼《よ》ぶ台風《たいふう》のような暴風圏《ぼうふうけん》だ。中《なか》でも、南《みなみ》アメリカ大陸最南端《たいりくさいなんたん》から南極《なんきょく》半島《はんとう》の北端《ほくたん》までの間《あいだ》はドレーク海峡《かいきょう》といって、世界《せかい》でもっとも荒《あ》れる海《うみ》といわれているんだ。

この、南緯《なんい》60度《ど》よりも南《みなみ》の海《うみ》を、すべて南《なん》極海《きょくかい》と呼《よ》んでいるぞ。

画像提供／国立極地研究所

▲しらせの甲板《かんぱん》に押《お》し寄《よ》せる南極海《なんきょくかい》の荒波《あらなみ》。

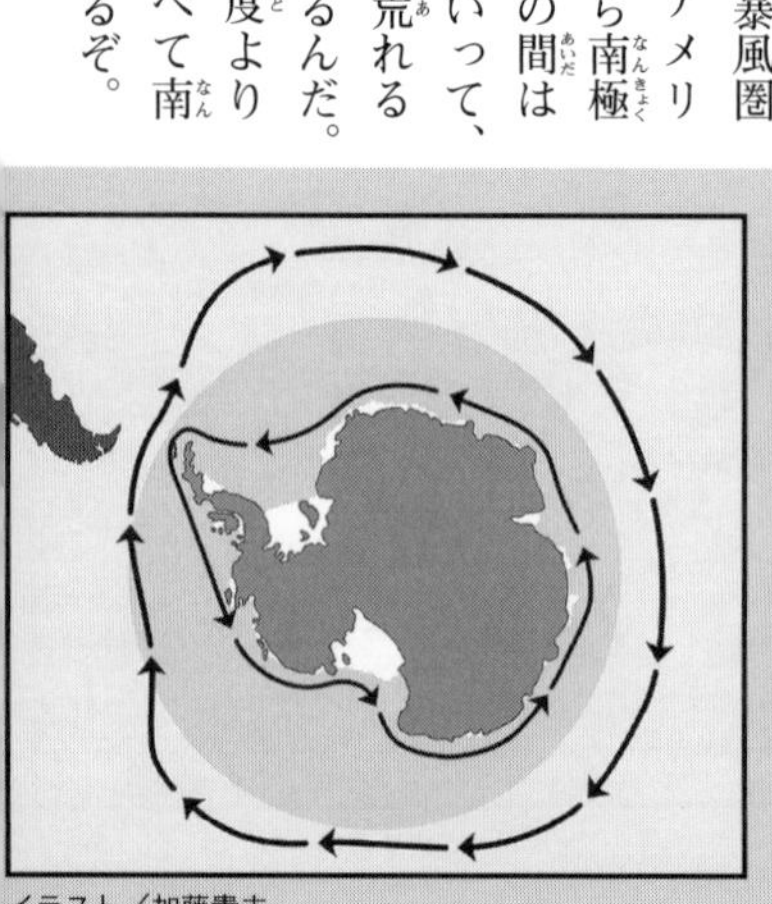

◀南極大陸《なんきょくたいりく》を取《と》り囲《かこ》む南極海《なんきょくかい》と海流《かいりゅう》。

イラスト／加藤貴夫

南極海《なんきょくかい》は、太平洋《たいへいよう》、大西洋《たいせいよう》、インド洋《よう》に次《つ》いで、地球《ちきゅう》で4番目《ばんめ》に大《おお》きな海《うみ》だ。南極大陸《なんきょくたいりく》のまわりを西《にし》から東《ひがし》に時計回《けいまわ》りに回《まわ》る南極周極流《なんきょくしゅうきょくりゅう》という海流《かいりゅう》に閉《と》ざされていて、赤道《せきどう》からの暖《あたた》かい海流《かいりゅう》が流《なが》れ込《こ》まないため、南極全体《なんきょくぜんたい》が寒冷化《かんれいか》する原因《げんいん》にもなっている。南極海《なんきょくかい》の南側《みなみがわ》はすべて南極大陸《なんきょくたいりく》だけど、沿岸《えんがん》はほとんどが氷《こおり》に閉《と》ざされていて、直接陸地《ちょくせつりくち》が見《み》える場所《ばしょ》は海岸線全体《かいがんせんぜんたい》の5%もないんだ。

海底《かいてい》には氷床《ひょうしょう》が岩盤《がんばん》を削《けず》って取《と》り込《こ》んだ砂《すな》や石《いし》が、氷山《ひょうざん》に運《はこ》ばれて約《やく》1000km沖《おき》まで堆積《たいせき》しているんだ。

特別《とくべつ》コラム

南極海《なんきょくかい》は最速《さいそく》の地球一周《ちきゅういっしゅう》ルート

北半球《きたはんきゅう》を出発《しゅっぱつ》して自然《しぜん》の力《ちから》だけを使《つか》って地球一周《ちきゅういっしゅう》するなら、ほえる40度《ど》から絶叫《ぜっきょう》する60度《ど》の強風《きょうふう》を利用《りよう》するルートが最速《さいそく》だ。

大航海時代《だいこうかいじだい》の大型帆船《おおがたはんせん》が3年《ねん》もかかった航海《こうかい》が、現代《げんだい》の最新《さいしん》のヨットならなんと45日《にち》で達成《たっせい》することが可能《かのう》になっているんだ。

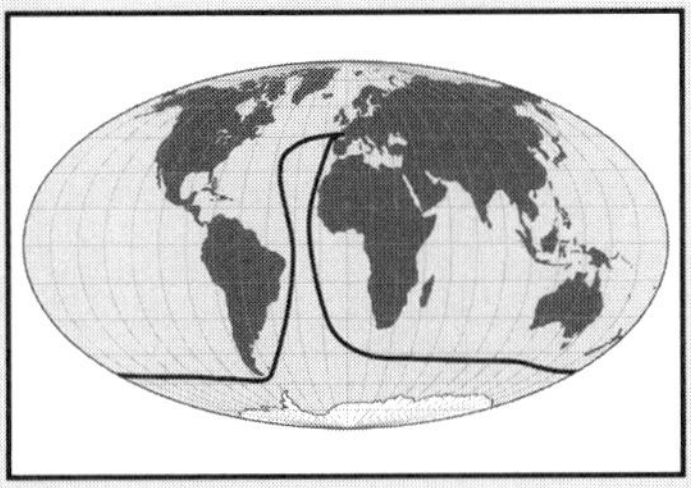

イラスト／加藤貴夫

世界一重《せかいいちおも》い海水《かいすい》が深海《しんかい》の海水《かいすい》を押《お》し流《なが》す

地球《ちきゅう》でもっとも寒《さむ》い南極《なんきょく》の沿岸《えんがん》では、海水《かいすい》も地球《ちきゅう》でもっとも冷《つめ》たくなる。特《とく》にロス湾《わん》やウエッデル湾《わん》の棚氷《たなごおり》の下《した》の海水《かいすい》は冷《つめ》たく、密度《みつど》が高《たか》く、重《おも》い海水《かいすい》になっていて、深海深《しんかいふか》くに沈《しず》み込《こ》むことで、深層海流《しんそうかいりゅう》をつくる力《ちから》になっている。深層海流《しんそうかいりゅう》は、時速数《じそくすう》mくらいのゆっくりした速度《そくど》で、1000年以上《ねんいじょう》かけて深海《しんかい》をめぐりながら、世界中《せかいじゅう》の深海《しんかい》に冷《つめ》たく栄養豊富《えいようほうふ》な海水《かいすい》を送《おく》り届《とど》けているんだ。

特別《とくべつ》コラム

南極海《なんきょくかい》は豊《ゆた》かな海《うみ》

南極周極流《なんきょくしゅうきょくりゅう》の内側《うちがわ》には、逆向《ぎゃくむ》きに流《なが》れるもうひとつの海流《かいりゅう》があって、海流《かいりゅう》の境目《さかいめ》では深海《しんかい》の栄養豊富《えいようほうふ》な海水《かいすい》が湧《わ》きあがっている。ここで繁殖《はんしょく》するナンキョクオキアミは、お風呂《ふろ》1杯分《ぱいぶん》の中《なか》に400匹以上《びきいじょう》という高密度《こうみつど》の群《む》れをつくっていて、南極海《なんきょくかい》の生命《せいめい》を支《ささ》える重要《じゅうよう》な食料源《しょくりょうげん》になっているんだ。

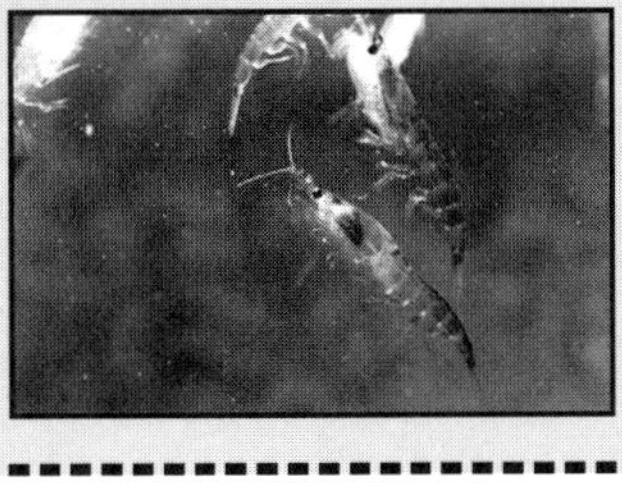

画像提供／国立極地研究所

南極《なんきょく》の朝《あさ》・昼《ひる》・夜《よる》は、1年《ねん》かけてやってくる

白夜《びゃくや》と極夜《きょくや》 何《なん》か月《げつ》も続《つづ》く昼《ひる》と夜《よる》

南極《なんきょく》では、夏《なつ》の間《あいだ》一日中太陽《いちにちじゅうたいよう》が沈《しず》むことがない。暗《くら》い夜《よる》は来《こ》なくて、いつも明《あか》るい。これを白夜《びゃくや》と呼《よ》んでいる。

白夜《びゃくや》が起《お》きるのは、地球《ちきゅう》が太陽《たいよう》に対《たい》して約《やく》23・4度《ど》傾《かたむ》いているからだ。南極《なんきょく》が太陽《たいよう》の方《ほう》を向《む》いている夏《なつ》の間《あいだ》は、ずっと太陽《たいよう》の光《ひかり》が当《あ》たり続《つづ》ける。南極点《なんきょくてん》では半年近《はんとしちか》く、少《すこ》し離《はな》れた昭和基地《しょうわきち》でも約《やく》45日《にち》が白夜《びゃくや》になる。

夏《なつ》の終《お》わりが近《ちか》づくと、さらに不思議《ふしぎ》なことが起《お》きる。太陽《たいよう》が、昇《のぼ》りも沈《しず》みもせずに地平線《ちへいせん》にそって転《ころ》がるように動《うご》いていくんだ。これが南極《なんきょく》の短《みじか》い秋《あき》で、南極《なんきょく》の夕方《ゆうがた》ともいえる。南極《なんきょく》の冬《ふゆ》は、一日中太陽《いちにちじゅうたいよう》が昇《のぼ》らないけれど、星《ほし》とオーロラが輝《かがや》く夜《よる》がやってくる。これを極夜《きょくや》と呼《よ》んでいるんだ。南極点《なんきょくてん》では、白夜《びゃくや》と同《おな》じように極夜《きょくや》も半年近《はんとしちか》く続《つづ》く。次《つぎ》に太陽《たいよう》が昇《のぼ》って朝《あさ》になるのは、南極《なんきょく》に春《はる》が来《く》るときだ。

南極《なんきょく》では、私《わたし》たちが1日《にち》で体験《たいけん》する朝《あさ》、昼《ひる》、夜《よる》を1年《ねん》かけてめぐっているともいえるかもしれない。

画像提供／国立極地研究所

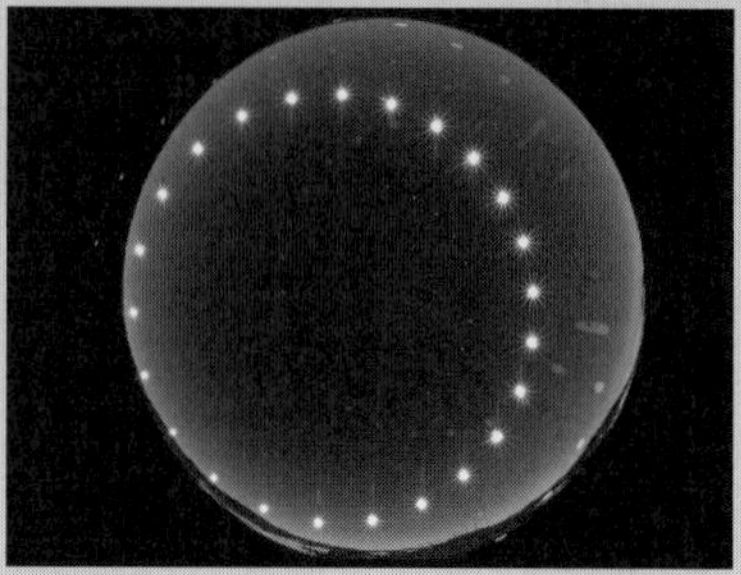

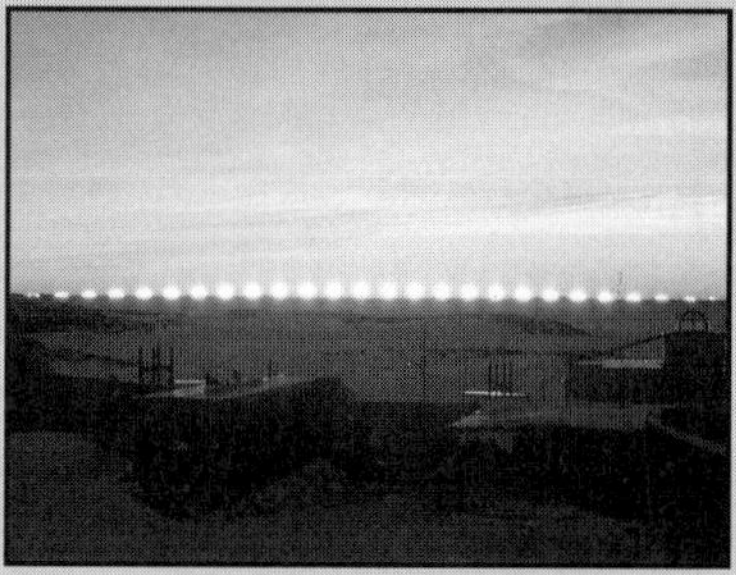

イラスト／加藤貴夫

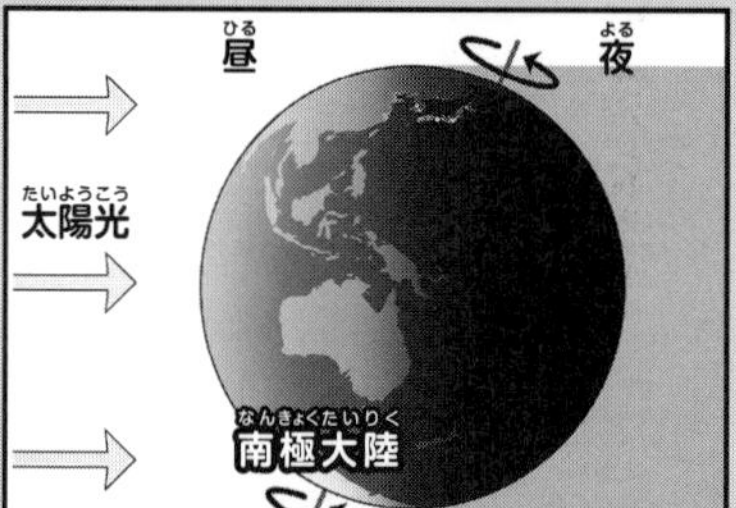

▲夏《なつ》の南極大陸《なんきょくたいりく》には一日中太陽光《いちにちじゅうたいようこう》が当《あ》たっている。

寒《さむ》い南極《なんきょく》は、大気光学現象《たいきこうがくげんしょう》の宝庫《ほうこ》

空《そら》にかかる虹《にじ》のように、太陽《たいよう》の光《ひかり》と大気《たいき》が影響《えいきょう》し合《あ》って起《お》こる現象《げんしょう》を、まとめて大気光学現象《たいきこうがくげんしょう》と呼《よ》んでいる。

寒《さむ》い南極《なんきょく》では大気中《たいきちゅう》の水分《すいぶん》は氷晶《ひょうしょう》という六角形《ろっかくけい》の氷《こおり》の結晶《けっしょう》になりやすい。この結晶《けっしょう》の中《なか》に太陽《たいよう》の光《ひかり》がいろいろな角度《かくど》で入《はい》り込《こ》んで、何度《なんど》も屈折《くっせつ》したり反射《はんしゃ》したりして、太陽《たいよう》のまわりにさまざまな光《ひかり》の現象《げんしょう》を見《み》せるんだ。

写真《しゃしん》には全部《ぜんぶ》で7種類《しゅるい》の大気光学現象《たいきこうがくげんしょう》が写《うつ》っているぞ。

画像提供／JARE-57　武田真憲

環天頂《かんてんちょう》アーク
46°ハロ
上部《じょうぶ》タンジェントアーク
22°ハロ
サンピラー
幻日《げんじつ》
幻日《げんじつ》
幻日環《げんじつかん》

縮小《しゅくしょう》が始《はじ》まったオゾンホール

オゾンホールは、南極上空《なんきょくじょうくう》で有害《ゆうがい》な紫外線《しがいせん》から地球環境《ちきゅうかんきょう》を守《まも》っているオゾン層《そう》が減少《げんしょう》し大《おお》きな穴《あな》が開《あ》く現象《げんしょう》だ。

オゾン層《そう》を破壊《はかい》したのが人間《にんげん》が使《つか》ったフロンだとわかってから30年《ねん》以上《いじょう》、世界各国《せかいかっこく》が協力《きょうりょく》してフロンの規制《きせい》をしてきた成果《せいか》が、ついに現《あらわ》れ始《はじ》めた。２０１６年夏《ねんなつ》に、初《はじ》めてオゾンホールの縮小《しゅくしょう》が確認《かくにん》されたんだ。縮小《しゅくしょう》が進《すす》めば今後《こんご》約《やく》１００年《ねん》でオゾンホールを消滅《しょうめつ》させられる。

地球《ちきゅう》の人類《じんるい》が協力《きょうりょく》して取《と》り組《く》めば、温暖化《おんだんか》のような地《ち》球規模《きゅうきぼ》の環境問題《かんきょうもんだい》も、きっと解決《かいけつ》していけるはずだ。

特別《とくべつ》コラム　南極《なんきょく》では四角《しかく》い太陽《たいよう》が見《み》えることがある!?

南極《なんきょく》では、丸《まる》いはずの太陽《たいよう》が四角《しかく》く見《み》えることがある。実《じつ》は、これも大気光学現象《たいきこうがくげんしょう》の一種《いっしゅ》で、蜃気楼《しんきろう》の仲間《なかま》だ。地表《ちひょう》が寒《さむ》く上空《じょうくう》が暖《あたた》かいとき、温度《おんど》の境目《さかいめ》で光《ひかり》が屈折《くっせつ》することがある。すると形《かたち》がゆがんだり、上側《うえがわ》に引《ひ》き伸《の》ばされて、四角《しかく》く見《み》えるんだ。

◀南極《なんきょく》で観測《かんそく》された四角《しかく》い太陽《たいよう》。

画像提供／国立極地研究所

雪男《ゆきおとこ》のアルバイト

ヒエー、これがうわさのヤマゴン!?
矢《や》麻《ま》奥山《おくやま》にいるとかいないとかいわれている……。
ヒマラヤの雪男《ゆきおとこ》みたいなものなんだろ。
人《ひと》かサルか怪獣《かいじゅう》か……。
ぼくは大昔《おおむかし》の原始人《げんしじん》の生《い》きのこりだと思《おも》うんだ。
サクラテレビの取材班《しゅざいはん》がとってきた写真《しゃしん》だ。
なぜそれがぼくの手《て》に入《はい》ったかといえばうちのパパがテレビ局《きょく》の……。
えらい人《ひと》と友《とも》だちだというんだろ。なんども聞《き》いた。
でも……、遠《とお》くてボヤけててはっきりしないなぁ。クマか、ただの人間《にんげん》かもしれない。
特《とく》ダネ写真《しゃしん》にケチをつけるの!?
じゃあきみ、もっといい写真《しゃしん》をとってきて見《み》せろ。
そうだそうだ。

南極《なんきょく》の不思議《ふしぎ》Q&A《キューアンドエー》

Q 南極《なんきょく》には何百年《なんびゃくねん》も生《い》きている生物《せいぶつ》がいる。本当《ほんとう》？ ウソ？

A 本当《ほんとう》　地衣類《ちいるい》の仲間《なかま》は成長《せいちょう》は遅《おそ》いけれど長生《ながい》きで、1000年《ねん》以上《いじょう》も生《い》きる種類《しゅるい》もいるんだ。

南極《なんきょく》の不思議《ふしぎ》Q&A《キューアンドエー》

Q ペンギンは南半球《みなみはんきゅう》にしかいない。本当《ほんとう》？ ウソ？

A ウソ　赤道周辺《せきどうしゅうへん》にすむガラパゴスペンギンの生息地《せいそくち》は、北半球《きたはんきゅう》にもはみ出《だ》しているんだ。

南極《なんきょく》の不思議《ふしぎ》Q&A《キューアンドエー》

Q 南極《なんきょく》で過《す》ごすペンギンもインフルエンザになる。本当《ほんとう》? ウソ?

A 本当《ほんとう》 2014年《ねん》に南極《なんきょく》のペンギンからインフルエンザウイルスが見《み》つかっているんだ。

南極《なんきょく》の不思議《ふしぎ》Q&A《キューアンドエー》

Q 南極海《なんきょくかい》の深海《しんかい》には巨大《きょだい》イカがすんでいる。本当《ほんとう》？　ウソ？

A 本当《ほんとう》　ダイオウホウズキイカという種類《しゅるい》で体長《たいちょう》10m以上《いじょう》。約《やく》2000mの深海《しんかい》にすんでいるんだ。

Q 南極海《なんきょくかい》にはサメはいない。本当《ほんとう》？ ウソ？

A 本当《ほんとう》　サメは温《あたた》かい海《うみ》を好《この》むので、冷《つめ》たい南極海《なんきょくかい》にサメの仲間《なかま》はいないんだ。

ばれちゃったからにはしかたがない。もとのまずしいくらしにもどるしかないなあ。
えっ、またヒマラヤへ？
ドアをここへおいとくからさ、ときどき矢麻奥山《やまおくやま》へ顔《かお》を出《だ》してくれたら……。
お礼《れい》にドラやきぐらい村《むら》の人《ひと》に出《だ》してもらうから。
こころよくひきうけてもらえてよかったね。
みなさまごらんください。
今日《きょう》も矢麻奥山《やまおくやま》は見物《けんぶつ》の人《ひと》でわきかえっております。
ワーワー

南極《なんきょく》に暮《く》らす意外《いがい》な生物《せいぶつ》たち

南極《なんきょく》で咲《さ》く たった2種類《しゅるい》の花《はな》

南極大陸《なんきょくたいりく》には、木《き》は1本《ぽん》もない。日本《にほん》で普通《ふつう》に見《み》る花《はな》を咲《さ》かせる植物《しょくぶつ》の仲間《なかま》はほとんど育《そだ》たないんだ。それでも、南極大陸《なんきょくたいりく》の中《なか》では比較的暖《ひかくてきあたた》かい南極半島《なんきょくはんとう》では、夏《なつ》の間《あいだ》たった2種類《しゅるい》だけ自生《じせい》する植物《しょくぶつ》を見《み》つけることができる。大《おお》きく成長《せいちょう》しても30㎝くらいの葉《は》の細《ほそ》い草《くさ》のような植物《しょくぶつ》だ。植物《しょくぶつ》が繁殖《はんしょく》できる範囲《はんい》は、南極《なんきょく》の気温《きおん》の上昇《じょうしょう》によって広《ひろ》がっていることがわかってきているんだ。

画像提供／工藤栄

▲花《はな》をつけるナンキョクミドリナデシコ。

▲イネの仲間《なかま》のナンキョクコメススキ。

極限《きょくげん》の環境《かんきょう》で 助《たす》け合《あ》って生《い》きる地衣類《ちいるい》

南極《なんきょく》の地面《じめん》には張り付《つ》くように生《い》きている生物《せいぶつ》がいる。それが地衣類《ちいるい》だ。一見《いっけん》、植物《しょくぶつ》のようにも見《み》えるけれど、植物《しょくぶつ》の仲間《なかま》の藻類《そうるい》と菌類《きんるい》が共生《きょうせい》することでひとつの生物《せいぶつ》のように暮《く》らしていて、藻類《そうるい》が光合成《こうごうせい》で栄養《えいよう》をつくり、菌類《きんるい》が地衣体《ちいたい》という体《からだ》の部分《ぶぶん》をつくって藻類《そうるい》を守《まも》っている。分類上《ぶんるいじょう》は菌類《きんるい》の仲間《なかま》とされているんだ。

地衣類《ちいるい》は、南極《なんきょく》の陸上《りくじょう》でもっとも種類《しゅるい》が豊富《ほうふ》な生物《せいぶつ》で、南緯《なんい》86度《ど》（南極点《なんきょくてん》まで約《やく》450㎞）のクイーンモード山脈《さんみゃく》でも8種類《しゅるい》が確認《かくにん》されている。ここで地衣類《ちいるい》として生《い》きている藻類《そうるい》が地球《きゅう》でもっとも南《みなみ》で生《い》きている植物《しょくぶつ》の仲間《なかま》かもしれない。

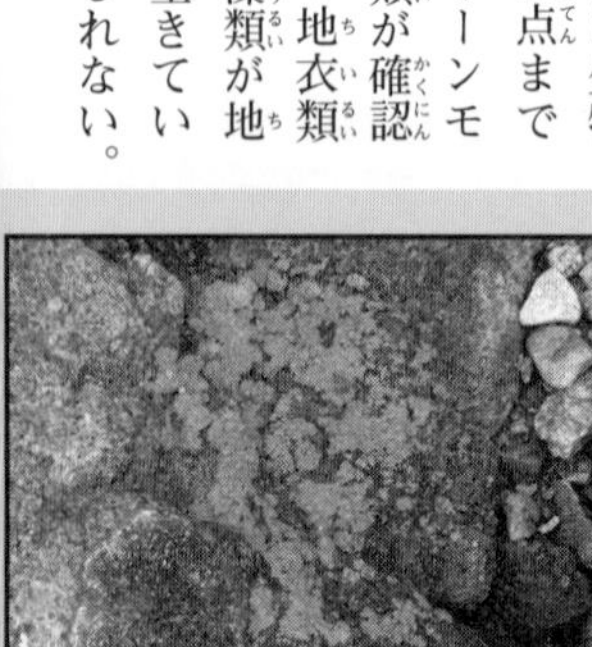
◀地面《じめん》の色《いろ》が違《ちが》う部分《ぶぶん》が地衣類《ちいるい》。

画像提供／工藤栄

大陸沿岸《たいりくえんがん》の湖《みずうみ》の底《そこ》で見《み》つかったコケボウズ

昭和基地周辺《しょうわきちしゅうへん》の湖《みずうみ》の底《そこ》に、緑色《みどりいろ》の円筒形《えんとうけい》のかたまりが見《み》つかって、てっぺんが丸《まる》い形《かたち》からコケボウズと呼《よ》ばれている。日本《にほん》の観測隊《かんそくたい》が1995年《ねん》に初《はじ》めて発見《はっけん》して、2009年《ねん》には、三角《さんかく》コーンのような大《おお》きさと形《かたち》のコケボウズも発見《はっけん》された。陸上《りくじょう》にはほとんど植物《しょくぶつ》がいない南《なん》極大陸《きょくたいりく》だけど、湖《みずうみ》の底《そこ》には豊《ゆた》かな森《もり》が広《ひろ》がっていたんだ。

コケボウズは、押《お》せばつぶれてしまうくらいの柔《やわ》らかさで、内部《ないぶ》は空洞《くうどう》になっている。コケ類《るい》が集《あつ》まった部分《ぶぶん》に藻類《そうるい》やシアノバクテリアなどの微生物《びせいぶつ》が共生《きょうせい》しながら1年間《ねんかん》に1㎜以下《いか》というとてもゆっくりとした速度《そくど》で成長《せいちょう》している。大《おお》きいものでは800年以上《ねんいじょう》のものも見《み》つかっているんだ。

画像提供／工藤栄

▲大《おお》きさ約《やく》400mの長池《ながいけ》の湖底《こてい》で発見《はっけん》されたコケボウズ。大《おお》きいものは80㎝くらいの高《たか》さがある。

地中《ちちゅう》で生《い》きる小《ちい》さな生《い》き物《もの》たち

南極《なんきょく》にもともとすんでいた昆虫《こんちゅう》は、たった1種類《しゅるい》しか知《し》られていない。それがナンキョクユスリカだ。南極《なんきょく》にしかいない昆虫《こんちゅう》で、南極大陸《なんきょくたいりく》では広《ひろ》く分布《ぶんぷ》しているけれど飛《と》ぶことはできない。体長《たいちょう》わずか2～6㎜程度《ていど》の小《ちい》ささだけど、南極《なんきょく》の昆虫《こんちゅう》のような無脊椎動物《むせきついどうぶつ》の中《なか》ではいちばん大《おお》きいともいわれているんだ。

南極《なんきょく》の陸域《りくいき》に適応《てきおう》できたのは、小《ちい》さな生《い》き物《もの》たちだ。

ダニの仲間《なかま》は、体長《たいちょう》1㎜以下《いか》のものばかりだけれど、地球上《ちきゅうじょう》のさまざまな環境《かんきょう》に適応《てきおう》していて、南極《なんきょく》でも露岩域《ろがんいき》を中心《ちゅうしん》に30種以《しゅい》上《じょう》が見《み》つかっている。

他《ほか》にも、昆虫《こんちゅう》よりも少《すこ》し原始的《げんしてき》なトビムシの仲《なか》間《ま》、クマムシの仲間《なかま》、細《ほそ》長《なが》い糸状《いとじょう》の体《からだ》をした線形《せんけい》動物《どうぶつ》などもいることが確《たし》かめられているんだ。

▼昭和基地近《しょうわきちちか》くで発見《はっけん》された陰気門《いんきもん》ダニの一種《いっしゅ》。

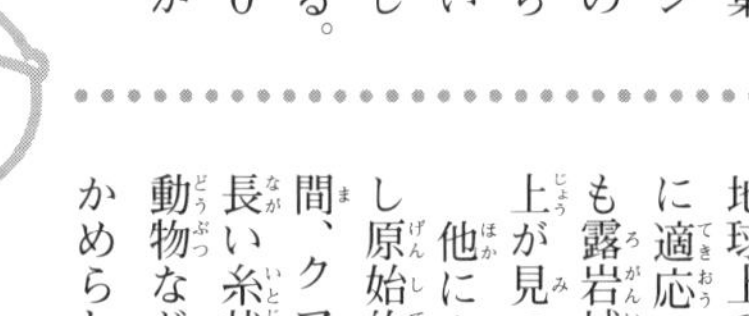

画像提供／国立極地研究所

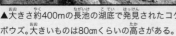

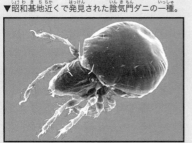

極寒《ごっかん》の地《ち》を選《えら》んだ鳥類《ちょうるい》とほ乳類《にゅうるい》たち

南極《なんきょく》をめざす渡《わた》り鳥《どり》たち

オオトウゾクカモメは、日本近海《にほんきんかい》で夏《なつ》を過《す》ごした後《あと》、子育《こそだ》てのために南極大陸周辺《なんきょくたいりくしゅうへん》まで渡《わた》っていく渡《わた》り鳥《どり》だ。

キョクアジサシは体長約《たいちょうやく》35cmのハトくらいの大《おお》きさの鳥《とり》で、夏《なつ》の北極《ほっきょく》で子育《こそだ》てをした後《あと》、極地《きょくち》の夏《なつ》を求《もと》めて北《ほっ》極《きょく》から南極《なんきょく》まで毎年渡《まいとしわた》ってくる。世界一長距離《せかいいちちょうきょり》を渡《わた》る鳥《とり》で移動距離《いどうきょり》は地球半周《ちきゅうはんしゅう》を超《こ》える約《やく》3万《まん》kmといわれている。

画像提供／JARE-56水谷剛

▲休息《きゅうそく》するオオトウゾクカモメ。

画像提供／高橋晃周

▲飛翔《ひしょう》するキョクアジサシ。

世界一過酷《せかいいちかこく》なペンギンたちの子育《こそだ》て

ペンギンの中《なか》でも、南極大陸《なんきょくたいりく》で子育《こそだ》てをするのはアデリーペンギンとコウテイペンギンの2種《しゅ》しかいない。

中《なか》でも世界一過酷《せかいいちかこく》といわれるのがコウテイペンギンの子育《こそだ》てだ。

コウテイペンギンは、秋《あき》になると海《うみ》を離《はな》れて内陸《ないりく》へ数十《すうじゅっ》km以上《いじょう》も移《い》動《どう》する。子育《こそだ》てをするのは、最低気温《さいていきおん》がマイナス60℃にもなる氷原《ひょうげん》の上《うえ》なんだ。

▼卵《たまご》を抱《だ》くコウテイペンギン。

イラスト／佐藤諭

▼海中《かいちゅう》を泳《およ》ぐアデリーペンギン。

画像提供／高橋晃周

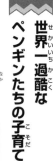

真冬《まふゆ》になる5月《がつ》ごろ、メスは卵《たまご》を1個《こ》だけ産《う》むと、生《う》まれてくるヒナのエサを取《と》りに海《うみ》に向《む》かう。

氷原《ひょうげん》の上《うえ》で卵《たまご》を温《あたた》めるのはオスの役目《やくめ》だ。氷原《ひょうげん》に直接《ちょくせつ》卵《たまご》が触《ふ》れないように、自分《じぶん》の足《あし》の上《うえ》に卵《たまご》をのせて、冷《つめ》たい空気《くうき》に触《ふ》れないように抱卵嚢《ほうらんのう》というぽっちゃりしたお腹《なか》の皮《かわ》で卵《たまご》を包《つつ》んで、ヒナがかえるまでの約《やく》2か月間《げっかん》、卵《たまご》を守《まも》り続《つづ》ける。海《うみ》を離《はな》れてから4か月《げつ》もの絶食《ぜっしょく》で、オスの体重《たいじゅう》は半分《はんぶん》近《ちか》くにまで減《へ》ってしまうほどだ。

ヒナが成長《せいちょう》して海《うみ》まで行《い》けるようになるころ、南極《なんきょく》はエサが豊富《ほうふ》な夏《なつ》を迎《むか》える。きびしい冬《ふゆ》に子育《こそだ》てするのは、ヒナがたくさんのエサを食《た》べられるようにするためだ。

特別《とくべつ》コラム

バイオロギングでわかってきたペンギンの生活《せいかつ》

生物《せいぶつ》の活動《かつどう》を調《しら》べる方法《ほうほう》として、近年注目《きんねんちゅうもく》が集《あつ》まっているのが、野《や》生生物《せいせいぶつ》に小型《こがた》の記録装置《きろくそうち》を取《と》り付《つ》けて計測《けいそく》するバイオロギングだ。24時間休《じかんやす》みなく記録《きろく》できるし、水《すい》中《ちゅう》に潜《もぐ》ってしまうような直接観察《ちょくせつかんさつ》することが難《むずか》しい生物《せいぶつ》の動《うご》きも計《けい》測《そく》したデータから見《み》えてくる。

たとえばペンギンの頭《あたま》の動《うご》きから、エサを食《た》べる瞬間《しゅんかん》のすばやさがわかってきた。水中《すいちゅう》で狙《ねら》ったオキアミを1匹《ぴき》ずつついばむように食《た》べていて、多《おお》いときには1秒間《びょうかん》に2回捕《かいつか》まえることもできるんだ。

南極《なんきょく》のほ乳類《にゅうるい》は海《うみ》で生《い》きる動物《どうぶつ》たち

南極《なんきょく》の陸上《りくじょう》には、もともとすんでいたほ乳類《にゅうるい》はまったくいない。南極圏《なんきょくけん》で生《い》きるほ乳類《にゅうるい》は、アザラシやクジラの仲間《なかま》のような海《うみ》の環境《かんきょう》に適応《てきおう》したほ乳類《にゅうるい》たちで、全部《ぜんぶ》で23種《しゅ》が知《し》られている。アザラシの仲間《なかま》は地球《ちきゅう》にすむ半分以上《はんぶんいじょう》が南極海《なんきょくかい》で生活《せいかつ》しているんだ。

アザラシやクジラの主《おも》な食《た》べ物《もの》は豊富《ほうふ》なナンキョクオキアミや小魚《こざかな》で、地球最《ちきゅうさい》大《だい》の生物《せいぶつ》で体重《たいじゅう》１００ｔを超《こ》えるシロナガスクジラは、1日《にち》に4～8ｔものオキアミを食《た》べているといわれているんだ。

イラスト／佐藤諭

画像提供／国立極地研究所

南極海《なんきょくかい》の氷《こおり》の下《した》にも生《い》き物《もの》たちはいる！

コオリウオなのに凍《こお》らない？ 南極海《なんきょくかい》の魚《さかな》たち

大陸沿岸《たいりくえんがん》の南極海《なんきょくかい》の氷《こおり》の下《した》では、海水温《かいすいおん》がマイナス2℃近《ちか》くになる。南極海《なんきょくかい》の魚《さかな》たちはいつも凍《こお》る危険《きけん》にさらされているんだ。生物《せいぶつ》は体内《たいない》にほんの小《ちい》さな氷《こおり》のかけらができても、細胞《さいぼう》が壊《こわ》されて死《し》んでしまう危険《きけん》がある。

でも、南極海《なんきょくかい》に適応《てきおう》した魚《さかな》たちは氷点下《ひょうてんか》の海水《かいすい》の中《なか》でも活動《かつどう》することができる。中《なか》でもコオリウオの仲間《なかま》は体液《たいえき》の中《なか》に塩《えん》分《ぶん》を取《と》り込《こ》んだり、不《ふ》凍糖《とうとう》ペプチドという特《とく》殊《しゅ》なタンパク質《しつ》を生成《せいせい》することで、氷《こおり》の結晶《けっしょう》をできにくくして、マイナス2℃では凍《こお》らない体《からだ》をつくっている。

画像提供／国立極地研究所

▲透明《とうめい》な体液《たいえき》を持《も》つコオリウオの仲間《なかま》。

海底温泉《かいていおんせん》で雪男《ゆきおとこ》を発見《はっけん》!?

南極海《なんきょくかい》の海底《かいてい》にある熱水噴出孔《ねっすいふんしゅつこう》、つまり海底温泉《かいていおんせん》で、真《ま》っ白《しろ》くて毛《け》むくじゃらの生《い》き物《もの》が見《み》つかった。それがイエティクラブともいわれる雪男《ゆきおとこ》ガニだ。毛《け》むくじゃらの腕《うで》にはバクテリアを繁殖《はんしょく》させていて、時《とき》にはエサにしてしまう。ちょうどいい温度《おんど》になる部分《ぶぶん》では、タタミ1畳分《じょうぶん》の面積《めんせき》に1000匹《びき》以上《いじょう》が密集《みっしゅう》して生《い》きているんだ。

画像提供／ A. D. Rogers et al.

▲限《かぎ》られた環境《かんきょう》に密集《みっしゅう》した雪男《ゆきおとこ》ガニ。

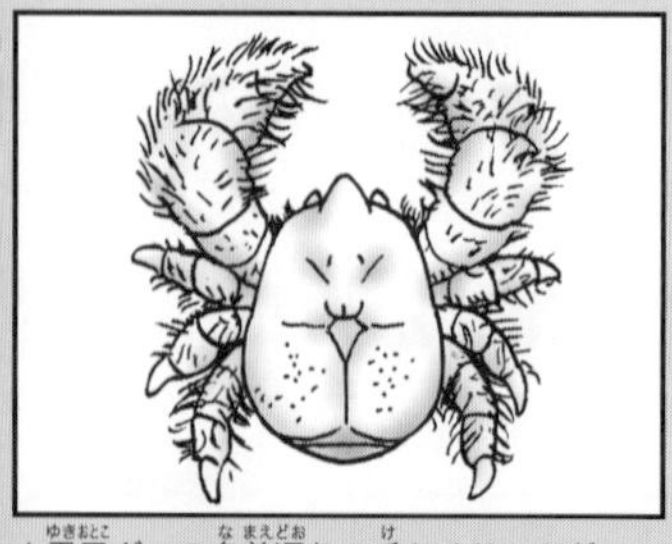

▲雪男《ゆきおとこ》ガニの名前通《なまえどお》りの毛《け》むくじゃらだ。

イラスト／佐藤諭

流《なが》れ星《ぼし》ゆうどうがさ

Q オーロラがぐるぐるの渦巻《うずま》きになることがある。本当《ほんとう》？ ウソ？

A 本当《ほんとう》 太陽《たいよう》の活動《かつどう》が活発《かっぱつ》な時期《じき》には、オーロラの活動《かつどう》も活発《かっぱつ》になって、渦《うず》を巻《ま》くように変化《へんか》することもあるんだ。

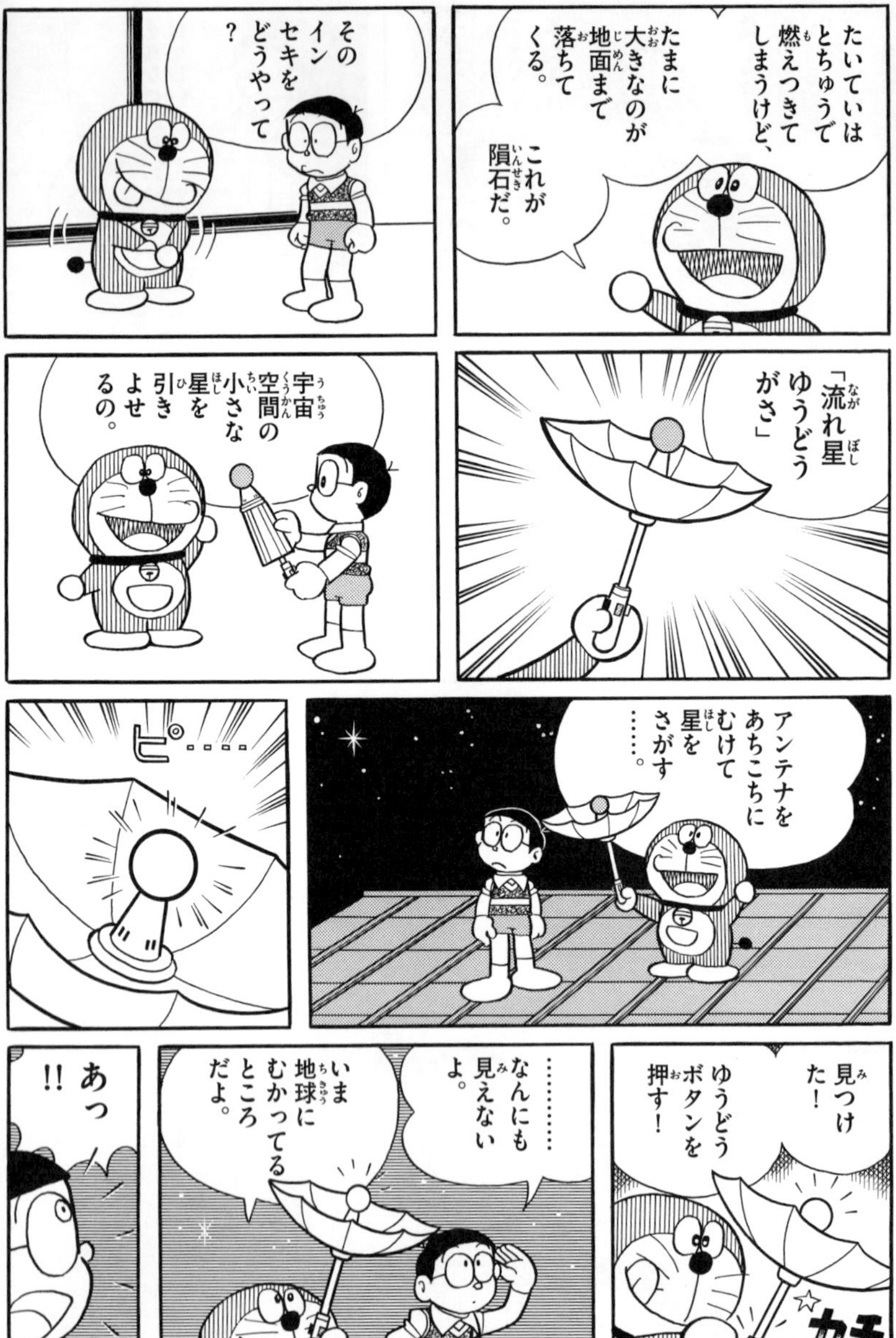
たいていはとちゅうで燃《も》えつきてしまうけど、たまに大《おお》きなのが地面《じめん》まで落《お》ちてくる。
これが隕石《いんせき》だ。
そのインセキをどうやって？
「流《なが》れ星《ぼし》ゆうどうがさ」
宇宙《うちゅう》空間《くうかん》の小《ちい》さな星《ほし》を引《ひ》きよせるの。
アンテナをあちこちにむけて星《ほし》をさがす……。
ピ……
見《み》つけた！
ゆうどうボタンを押《お》す！
カチ
………なんにも見《み》えないよ。
いま地球《ちきゅう》にむかってるところだよ。
あっ!!

A ウソ　ただし、空全体《そらぜんたい》にオーロラが出《で》ているとき、オーロラが出《で》ていない部分《ぶぶん》をブラックオーロラと呼《よ》んでいる。

帰《かえ》っていった……。

ホッ
気《き》をつけなくちゃ。恐竜《きょうりゅう》が絶滅《ぜつめつ》したのは大《おお》きな星《ほし》がぶつかったせいだという学者《がくしゃ》もいるんだぞ。

さむいから先《さき》にねるよ。

かぜをひくなよ。

てきとうな大《おお》きさ。

てきとうな大《おお》きさ……。

ビ・ビ・ビ・ビ
来《き》た!!

パ
ドラえも〜ん、流《なが》れ星《ぼし》をつかまえたよ。

ゆっくりお願《ねが》いしなさい………。ムニャ。

よかったね。

きれいな星《ほし》だな。

これが遠《とお》い宇宙《うちゅう》をはるばると……。

A

①ガリレオ　実物《じつぶつ》を見《み》たことはなかったけれど、ローマ神話《しんわ》の暁《あかつき》の女神《めがみ》の名前《なまえ》からオーロラと名付《なづ》けたんだ。

流《なが》れ星《ぼし》さま、お願《ねが》いします。
新《あたら》しい電子《でんし》ゲームを……。
ン?……。……。
助《タス》ケテ……。
助《タス》ケテ……。
なんだよ、ねむいよ。
これは「SOS《エスオーエス》カプセル」だ!!
なに?それ。
たとえば地球《ちきゅう》でも船《ふね》がしずんじゃったりすると……。
助《たす》けをもとめる手紙《てがみ》を、
空《あ》きビンに入《い》れて流《なが》したりする。
それとおなじように……、

南極《なんきょく》の不思議《ふしぎ》Q&A《キューアンドエー》

Q オーロラは南極《なんきょく》の空《そら》で見《み》えるものの中《なか》で一番明《いちばんあか》るい。本当《ほんとう》？ ウソ？

A ウソ　一番明《いちばんあか》るいのは太陽《たいよう》だ。明《あか》るいオーロラは満月《まんげつ》と同《おな》じくらいの明《あか》るさがあって2番目《ばんめ》なんだ。

立体体感《りったいたいかん》
電子《でんし》ゲーム
だよ。
カプセルを
つかまえる
かさを
貸《か》してくれ。
いいけど、
「SOS《エスオーエス》
カプセル」は
めったに
落《お》ちて
こないよ。
しし座《ざ》の
方角《ほうがく》から
流星群《りゅうせいぐん》が
ふることが
ある。
たく
さん
あつめ
れば、
きっと
カプセル
も……。
わあ、
いたい
いたい
!!
とめて
くれえ
!!
ゴツ
ガツン
ゴツン

流《なが》れた!!

オーロラは太陽《たいよう》と大気《たいき》のコラボレーション

南極《なんきょく》は宇宙《うちゅう》に開《ひら》いた大《おお》きな窓《まど》

オーロラの原因《げんいん》のひとつは太陽《たいよう》にある。太陽《たいよう》から噴《ふ》き出《だ》す太陽風《たいようふう》というプラズマの流《なが》れが地球《ちきゅう》まで届《とど》いている。太陽風《たいようふう》には生物《せいぶつ》に有害《ゆうがい》な放射線《ほうしゃせん》なども含《ふく》まれているけれど、地球全体《ちきゅうぜんたい》が大《おお》きな磁石《じしゃく》になっていて、太陽風《たいようふう》は、磁場《じば》という磁力《じりょく》が強《つよ》い範囲《はんい》を通《とお》り抜《ぬ》けることができずに弾《はじ》き飛《と》ばされて、地上《ちじょう》に降《ふ》ってくることはあまりない。

ところが、磁力《じりょく》の流《なが》れが集《あつ》まる極域《きょくいき》では、太陽風《たいようふう》のプラズマの粒子《りゅうし》が極《きょく》のまわりに大《おお》きな円《えん》を描《えが》くように降《ふ》ってくる。

オーロラのもうひとつの原因《げんいん》は地球《ちきゅう》の大気《たいき》にある。宇宙《うちゅう》から降《ふ》り注《そそ》ぐプラズマの粒子《りゅうし》が、地上《ちじょう》１００kmより高《たか》い宇宙空間《うちゅうくうかん》で地球《ちきゅう》の大気《たいき》の分子《ぶんし》と衝突《しょうとつ》することで、大気《たいき》の分子《ぶんし》が発光《はっこう》するのがオーロラなんだ。このため、オーロラは北極点《ほっきょくてん》や南極点《なんきょくてん》の上空《じょうくう》ではなく、そのまわりを取《と》り囲《かこ》むように発生《はっせい》する。このオーロラが発生《はっせい》しやすい円《えん》をオーロラ帯《たい》といって、南半球《みなみはんきゅう》ではちょうど緯度《いど》65度《ど》から70度《ど》くらいの南極大陸《なんきょくたいりく》を取《と》り囲《かこ》む範囲《はんい》になっている。

イラスト／加藤貴夫

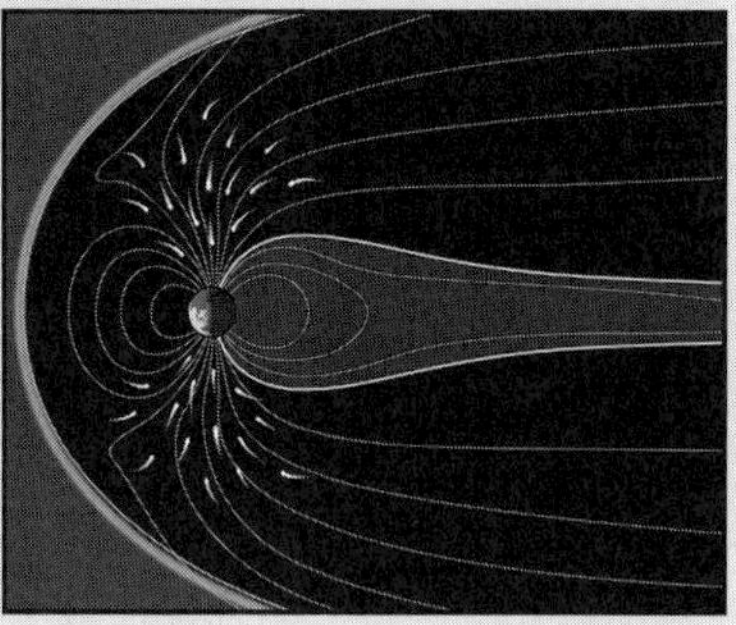

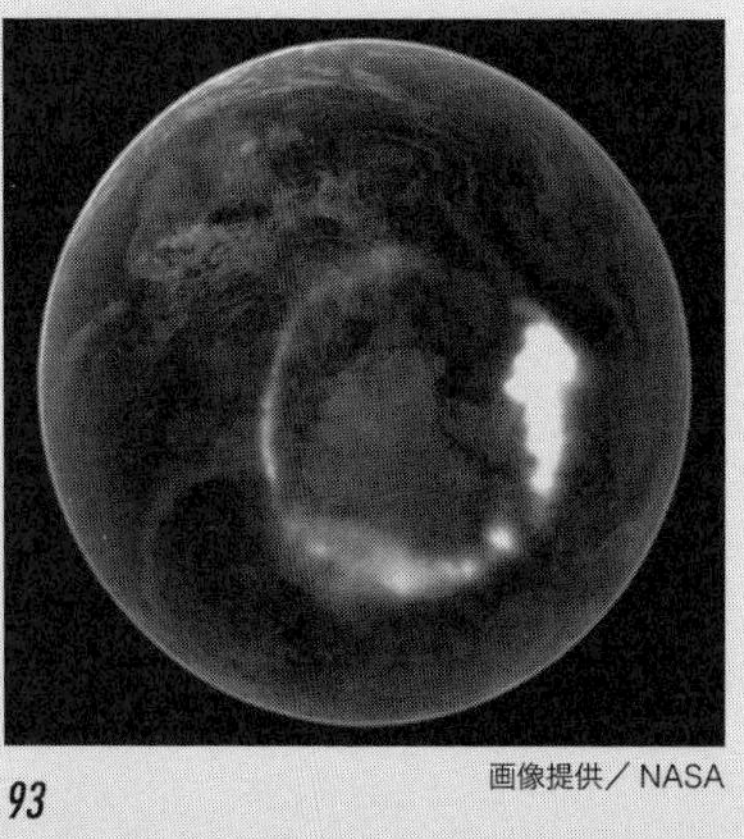

画像提供／NASA

南極《なんきょく》の空《そら》を彩《いろど》るオーロラ

オーロラのいろいろな姿《すがた》

地上《ちじょう》から見《み》るオーロラはいろいろな色《いろ》や形《かたち》に見《み》える。

オーロラの色《いろ》には、地球《ちきゅう》の大気《たいき》の成分《せいぶん》が関係《かんけい》している。

オーロラの上《うえ》の方《ほう》に出《で》やすい赤《あか》い光《ひかり》は、宇宙《うちゅう》から降《ふ》り注《そそ》ぐプラズマの粒子《りゅうし》が、地球《ちきゅう》の大気《たいき》の上層《じょうそう》の酸素《さんそ》の分子《ぶんし》と衝突《しょうとつ》したときに見《み》える光《ひかり》だ。地表《ちひょう》に近《ちか》づいていくと、大気中《たいきちゅう》の窒素《ちっそ》の分子《ぶんし》が多《おお》くなっていく。緑色《みどりいろ》の光《ひかり》は窒素《ちっそ》の分子《ぶんし》と衝突《しょうとつ》したときに見《み》える光《ひかり》なんだ。

オーロラの形《かたち》は、同《おな》じオーロラでも見《み》る場所《ばしょ》によってずいぶんと違《ちが》って見《み》える。

もしも、オーロラが発生《はっせい》する真下《ました》から見《み》たとすると、そのオーロラは空全体《そらぜんたい》に放射状《ほうしゃじょう》に広《ひろ》がるコロナ型《がた》のオーロラに見《み》えるはずだ。少《すこ》し離《はな》れた場所《ばしょ》から横向《よこむ》きに見《み》ると、揺《ゆ》らめくカーテン型《がた》のオーロラに見《み》える。そして、さらに遠《とお》くから見《み》ると、細《こま》かい部分《ぶぶん》は見《み》えなくなって空《そら》に大《おお》きくカーブを描《えが》くアーク型《がた》のオーロラに見《み》えるんだ。

画像提供／国立極地研究所

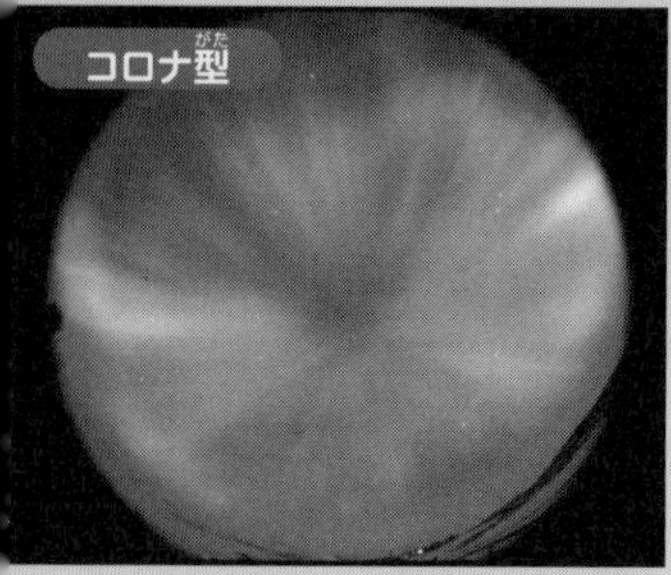
コロナ型《がた》

カーテン型《がた》

カーテン型《がた》（くし形《がた》）

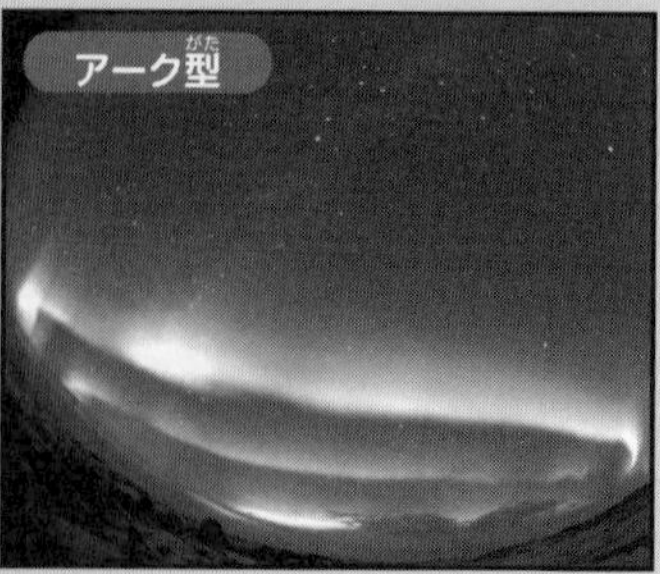
アーク型《がた》

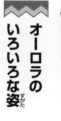

画像提供／Iowa University

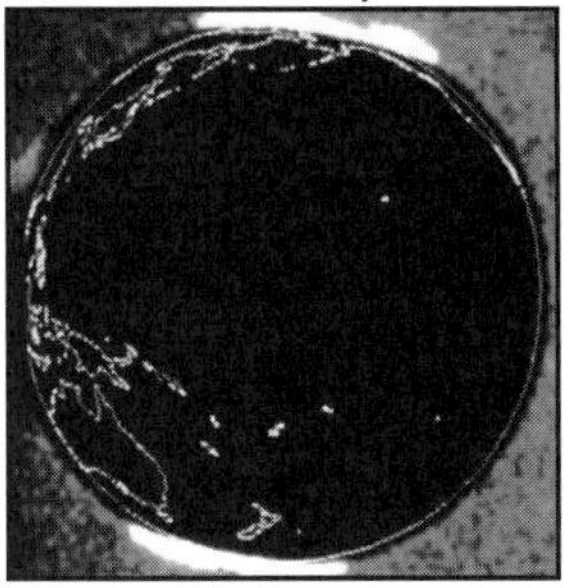

オーロラは南極《なんきょく》と北極《ほっきょく》で同時《どうじ》に起《お》きている

オーロラを起《お》こすプラズマの粒子《りゅうし》は、南極《なんきょく》と北極《ほっきょく》にほぼ同時《どうじ》に降《ふ》ってくる。このため、オーロラは両極《りょうきょく》でほぼ同時《どうじ》に発生《はっせい》し、よく似《に》た動《うご》きをすることがあるんだ。

南極《なんきょく》と北極《ほっきょく》の基地《きち》からの同《どう》時《じ》観測《かんそく》や人工衛星《じんこうえいせい》を使《つか》った地球全体《ちきゅうぜんたい》の観測《かんそく》で、そのようすが確《たし》かめられてきた。でも、大《おお》きく違《ちが》う場合《ばあい》もあって未解《みかい》明《めい》な部分《ぶぶん》も多《おお》いんだ。

特別《とくべつ》コラム 日本《にほん》でもオーロラが見《み》えることがある

太陽活動《たいようかつどう》が活発《かっぱつ》な時期《じき》に、磁気嵐《じきあらし》などで地球《ちきゅう》の磁場《じば》が乱《みだ》れると、オーロラがふだんよりも低《ひく》い緯《い》度《ど》で発生《はっせい》することがある。特《とく》に、高《たか》い高度《こうど》で、激《はげ》しいオーロラが発生《はっせい》したときに、その上端《じょうたん》の赤《あか》く発《はっ》光《こう》する部分《ぶぶん》が日本《にほん》からも観測《かんそく》できることがある。

古《ふる》くは「赤気《しゃっき》」といって、なんと1500年《ねん》以上《いじょう》昔《むかし》から、観測《かんそく》の記録《きろく》が残《のこ》っているんだ。

地球《ちきゅう》以外《いがい》の惑星《わくせい》でもオーロラがある

オーロラを起《お》こす太陽風《たいようふう》は、太陽系全体《たいようけいぜんたい》に広《ひろ》がっている。つまり、地球以外《ちきゅういがい》の惑星《わくせい》でも、磁場《じば》と大気《たいき》があればオーロラが発生《はっせい》する可能性《かのうせい》があるんだ。実際《じっさい》に、ハッブル宇宙望遠鏡《うちゅうぼうえんきょう》や探査機《たんさき》の観測《かんそく》で木星《もくせい》や土星《どせい》でオーロラに似《に》た現象《げんしょう》が確認《かくにん》されている。でも、木星《もくせい》や土星《どせい》のオーロラは人間《にんげん》の目《め》では見《み》えない紫外線《しがいせん》で発光《はっこう》しているため、もしも木星《もくせい》や土星《どせい》に行《い》くことができても、残念《ざんねん》ながら地球《ちきゅう》のようなオーロラを見《み》ることはできないようだ。

画像提供／NASA, ESA, and J. Nichols (University of Leicester)

◀木星《もくせい》のオーロラ。

◀土星《どせい》のオーロラ。

画像提供／NASA, ESA, J. Clarke (Boston University), and Z. Levay (STScI)

南極《なんきょく》は宇宙《うちゅう》から届《とど》いた隕石《いんせき》の宝庫《ほうこ》

南極《なんきょく》の氷原《ひょうげん》で大量《たいりょう》の隕石《いんせき》が見《み》つかった!?

宇宙《うちゅう》の物質《ぶっしつ》を直接調《ちょくせつしら》べることができるめったにないサンプルが隕石《いんせき》だ。中《なか》には、太陽系《たいようけい》ができたころの物質《ぶっしつ》があまり変化《へんか》せずに残《のこ》っているものもあって、地球《ちきゅう》や太陽系《たいようけい》の誕生《たんじょう》のころの姿《すがた》を知《し》る手掛《てが》かりだと考《かんが》えられている。

でも、陸地《りくち》の面積《めんせき》が狭《せま》い日本列島《にほんれっとう》では隕石《いんせき》は20個程度《こていど》しか見《み》つからず研究《けんきゅう》もあまりできなかった。

画像提供／小島秀康

▲雪上車《せつじょうしゃ》の前《まえ》に落《お》ちている黒《くろ》い石《いし》が隕石《いんせき》だ。

ところが、1969年《ねん》に第《だい》10次観測隊《じかんそくたい》が昭和基地《しょうわきち》近《ちか》くのやまと山脈《さんみゃく》の近《ちか》くの氷《こおり》の上《うえ》で相次《あいつ》いで9個《こ》の隕石《いんせき》を発見《はっけん》したんだ。

当初《とうしょ》、この発見《はっけん》は偶然《ぜん》だと考《かんが》えられていたけれど、第《だい》14次隊《じたい》でさらに12個《こ》、第《だい》15次隊《じたい》が663個《こ》もの隕石《いんせき》を発見《はっけん》して世界《せかい》の注目《ちゅうもく》を集《あつ》めることになった。

隕石《いんせき》が南極大陸《なんきょくたいりく》に落下《らっか》すると、氷床《ひょうしょう》の流《なが》れによって移《い》動《どう》していく。さえぎるものが何《なに》もなければ海《うみ》まで流《なが》れていってしまうが、途中《とちゅう》に山脈《さんみゃく》などがあるとせき止《と》められて山地《さんち》を上昇《じょうしょう》する。上昇《じょうしょう》した氷《こおり》は溶《と》け、次々《つぎつぎ》と隕石《いんせき》が氷《ひょう》上《じょう》に露出《ろしゅつ》するんだ。氷《こおり》の上《うえ》にある黒《くろ》い石《いし》がどれも隕石《いんせき》で、4000個以上《こいじょう》見《み》つかった年《とし》もあるというから驚《おどろ》きだ。南極《なんきょく》で発見《はっけん》した隕石《いんせき》をまとめて南極隕石《なんきょくいんせき》と呼《よ》んでいる。全世界《ぜんせかい》で5万個以上《まんこいじょう》、日本《にほん》ではこれまでに2万個《まんこ》近《ちか》くを収集《しゅうしゅう》していて、とても珍《めずら》しい隕石《いんせき》も含《ふく》まれている。

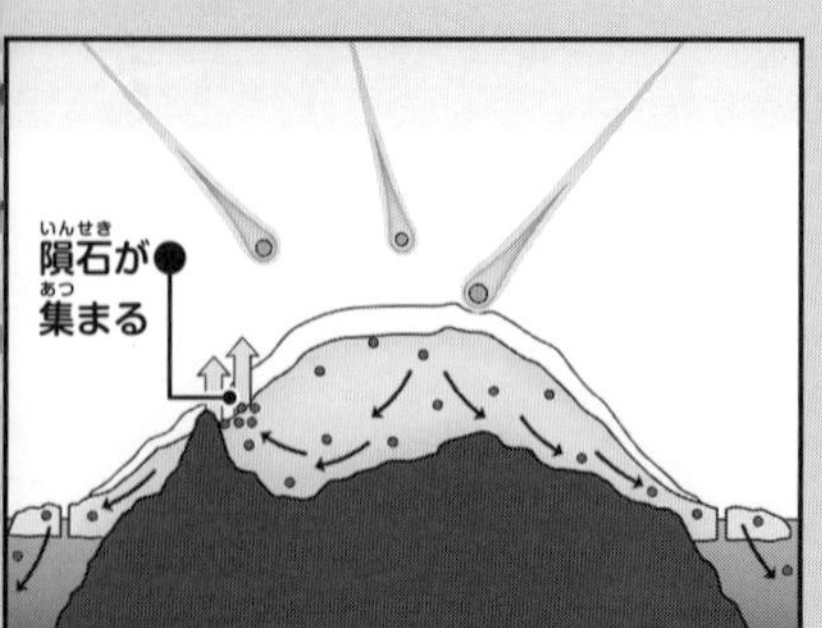

イラスト／加藤貴夫

隕石《いんせき》の証拠《しょうこ》 ウィドマンシュテッテン構造《こうぞう》

地球由来《ちきゅうゆらい》の鉱物《こうぶつ》と隕石《いんせき》を見分《みわ》けるのはなかなか難《むずか》しいけれど、金属質《きんぞくしつ》の隕石《いんせき》では表面《ひょうめん》に特殊《とくしゅ》な処理《しょり》をすることで浮《う》かび上《あ》がる筋状《すじじょう》の幾何学模様《きかがくもよう》のようなウィドマンシュテッテン構造《こうぞう》が目印《めじるし》になる。溶《と》けた金属《きんぞく》が宇宙空間《うちゅうくうかん》で何百万年《なんびゃくまんねん》もかけて冷《ひ》えることでできる模様《もよう》で、地球上《ちきゅうじょう》で再現《さいげん》することはまだできないんだ。

画像提供／国立極地研究所

◀表面処理《ひょうめんしょり》された隕石《いんせき》。

特別《とくべつ》コラム 隕石《いんせき》の名前《なまえ》は郵便《ゆうびん》番号《ばんごう》で決《き》まる?

隕石《いんせき》の呼《よ》び名《な》は、発見《はっけん》された場所《ばしょ》の名前《なまえ》がつけられる。詳《くわ》しい地名《ちめい》を郵《ゆう》便番号《びんばんごう》の範囲《はんい》で決《き》めることになっていて、何個《なんこ》もあればＡＢＣ《エービーシー》とアルファベットをつける。まんがでのび太《た》が捕《つか》まえたＳＯ《エスオー》Ｓ《エス》カプセルは月見台隕石《つきみだいいんせき》になったかもしれない。ただし、南極隕石《なんきょくいんせき》は数《かず》が多《おお》すぎるため、見《み》つかった場所《ばしょ》＋年《ねん》＋発見順《はっけんじゅん》の数《すう》字《じ》という名前《なまえ》になるんだ。

月《つき》や火星《かせい》からきた隕石《いんせき》が発見《はっけん》されている

月《つき》を起源《きげん》とする隕石《いんせき》は、アポロ計画《けいかく》で持《も》ち帰《かえ》られた月《つき》の石《いし》と比較《ひかく》することで確《たし》かめられた。月《つき》にクレーターを作《つく》った隕石《いんせき》の衝突《しょうとつ》のときに飛《と》び出《だ》した月《つき》の破片《はへん》が地球《ちきゅう》に落下《らっか》したもので、これまでに１５０個以上《こいじょう》が見《み》つかった。

火星《かせい》が起源《きげん》だと考《かんが》えられる隕石《いんせき》も発見《はっけん》されている。隕《いん》石《せき》に閉《と》じ込《こ》められていたわずかなガスの成分《せいぶん》が、火星探《かせいたん》査機《さき》バイキングが調《しら》べた火星《かせい》の大気《たいき》の成分《せいぶん》とかなり近《ちか》いことが確《たし》かめられているんだ。

画像提供／国立極地研究所

◀月《つき》からきた隕石《いんせき》。

◀火星《かせい》からきた隕石《いんせき》。

雪《ゆき》山《やま》遭《そう》難《なん》を助《たす》けろ

こまるんだよ。まずいんだよ。
人《ひと》の命《いのち》にかかわることだぞ。
きみの「どこでもドア」を使《つか》えば、すぐにでもあの二人《ふたり》は助《たす》けられるんだ。
そんなことしてみろ。大評判《だいひょうばん》になるぞ。
テレビや新聞《しんぶん》がおしかけるぞ。
未来《みらい》の世界《せかい》のひみつは、やたらにもらすわけにはいかないんだ。
しかし……。
だいじょうぶだよ。捜索隊《そうさくたい》が出《で》てるから、もうすぐ助《たす》けられるさ。
白雪山《はくせつざん》で遭難《そうなん》した二人《ふたり》のゆくえは、今日《きょう》もわかりませんでした。
ゆくえ不明《ふめい》になってからもう五日《か》になるので、無事《ぶじ》かどうか心配《しんぱい》です。
かわいそうに……。
みんな心配《しんぱい》してるんだよな。ドラえもんは平気《へいき》だろうけど。
いやなこというなあ。

南極《なんきょく》の不《ふ》思《し》議《ぎ》Q&A《キューアンドエー》

Q 現在《げんざい》の南極《なんきょく》では犬《いぬ》ぞりを使《つか》うことができない。本当《ほんとう》? ウソ?

A 本当《ほんとう》 南極《なんきょく》の環境《かんきょう》を守《まも》るために、南極《なんきょく》以外《いがい》から動物《どうぶつ》を連《つ》れて行《い》くことを制限《せいげん》しているからなんだ。

南極《なんきょく》の不思議《ふしぎ》Q&A《キューアンドエー》

Q 日本《にほん》の南極観測基地《なんきょくかんそくきち》は昭和基地《しょうわきち》1か所《しょ》だけだ。本当《ほんとう》？　ウソ？

A ウソ　作《つく》られた順《じゅん》に昭和《しょうわ》基地《きち》、みずほ基地《きち》、あすか基地《きち》、ドームふじ基地《きち》で合計《ごうけい》4か所《しょ》あるんだ。

あの二人《ふたり》、助《たす》けられたかな。
天候《てんこう》が悪《わる》いため、捜索《そうさく》はうちきられることになりました。
もう、ぐずぐずいってる場合《ばあい》じゃない。
助《たす》けなくちゃ。
あれっ、いない！
山《やま》をおりはじめたらしい。
まずいなあ。
ゴオオー
おれ、もう歩《ある》けない。
歩《ある》けなくても歩《ある》けっ。
ばかっ。ここで寝《ね》たらおしまいだぞ。
そういうおれも……、もうだめだ……。

南極《なんきょく》の不思議《ふしぎ》Q&A《キューアンドエー》

Q 南極《なんきょく》に基地《きち》をもっている国《くに》は全世界《ぜんせかい》で20か国以上《こくいじょう》ある。本当《ほんとう》？ ウソ？

A 本当《ほんとう》　30か国《こく》以上《いじょう》の国《くに》が、夏《なつ》の間《あいだ》だけ利用《りよう》する基地《きち》を含《ふく》めると合計《ごうけい》65以上《いじょう》の基地《きち》をつくっているぞ。

南極大陸《なんきょくたいりく》の発見《はっけん》と探検《たんけん》の時代《じだい》

未知《みち》の南方大陸《なんぽうたいりく》を求《もと》めて

南半球《みなみはんきゅう》に、未知《みち》の大陸《たいりく》が存在《そんざい》する可能性《かのうせい》が最初《さいしょ》に考《かんが》えられたのは、今《いま》から2100年《ねん》以上昔《いじょうむかし》の古代《こだい》ギリシア時代《じだい》だった。すでに発見《はっけん》されていた北半球《きたはんきゅう》の陸地《りくち》に比《くら》べて、南半球《みなみはんきゅう》の陸地《りくち》が少《すく》なかったことから、北半球《きたはんきゅう》と同《おな》じくらいあるはずだと想像《そうぞう》されて地図《ちず》にも記《しる》されていたんだ。

下端《かたん》が未知《みち》の南《みなみ》の大陸《たいりく》。

1773年《ねん》には、イギリス海軍《かいぐん》のクック艦長《かんちょう》率《ひき》いる調査隊《ちょうさたい》が初《はじ》めて荒波《あらなみ》の南極周極流《なんきょくしゅうきょくりゅう》を越《こ》えて南極圏《なんきょくけん》に到達《とうたつ》した。このときは、南極大陸《なんきょくたいりく》まで約《やく》120kmまで迫《せま》ったけれど、陸地《りくち》は発見《はっけん》できなかった。それでも、テーブル型《がた》の氷山《ひょうざん》を発見《はっけん》して、陸地《りくち》は確《たし》かにあると考《かんが》えられたんだ。

ついに南極大陸《なんきょくたいりく》が発見《はっけん》されたのは、今《いま》から約《やく》200年《ねん》前《まえ》の1820年《ねん》だ。1月《がつ》27日《にち》にアメリカ人《じん》のアザラシ猟《りょう》師《し》パーマーが、28日《にち》にロシア海軍《かいぐん》のベリングスハウゼンが、30日《にち》にはイギリス海軍《かいぐん》のブランスフィールドが、それぞれ別々《べつべつ》の場所《ばしょ》で南極大陸《なんきょくたいりく》の発見《はっけん》を記録《きろく》している。

この3人《にん》のうちの誰《だれ》かが、南極大陸《なんきょくたいりく》の第一発見者《だいいちはっけんしゃ》だと考《かんが》えられている。記録《きろく》された日付《ひづけ》はパーマーが早《はや》いけれど、記録《きろく》された日付《ひづけ》が近《ちか》く、氷《こおり》の下《した》の陸地《りくち》を確認《かくにん》したわけではないため、実際《じっさい》のところ誰《だれ》が最初《さいしょ》の発見者《はっけんしゃ》なのかよくわかっていないんだ。

イラスト／佐藤諭

南極点《なんきょくてん》を目指《めざ》した 南極探検《なんきょくたんけん》の英雄時代《えいゆうじだい》

人類《じんるい》が初《はじ》めて南極大陸《なんきょくたいりく》で越冬《えっとう》したのは、1899年《ねん》のボルクグレヴィンクの探検隊《たんけんたい》だったといわれている。

20世紀《せいき》になると、イギリス、ドイツ、スウェーデン、フランスなど、さまざまな国《くに》が南極探検隊《なんきょくたんけんたい》を派遣《はけん》し始《はじ》めた。

そして、1909年《ねん》に人類《じんるい》が初《はじ》めて北極点《ほっきょくてん》に到達《とうたつ》すると、世界《せかい》の興味《きょうみ》は南極点《なんきょくてん》と南磁極《なんじきょく》への到達《とうたつ》に集中《しゅうちゅう》した。

南磁極《なんじきょく》へ初《はじ》めて到達《とうたつ》したのは、1909年《ねん》のアーネスト・シャクルトン率《ひき》いるイギリスの探検隊《たんけんたい》だ。シャクルトン隊《たい》は南極点《なんきょくてん》もめざして、南緯《なんい》88度《ど》を越《こ》えて南極点《なんきょくてん》まであと180kmまで迫《せま》ったが、南極点《なんきょくてん》には到達《とうたつ》できなかった。

▲南極点《なんきょくてん》に到達《とうたつ》したアムンセン隊《たい》。

残《のこ》された南極点《なんきょくてん》への到達《とうたつ》を、世界中《せかいじゅう》が注目《ちゅうもく》していた。

当初《とうしょ》、最有力《さいゆうりょく》と考《かんが》えられていたのが、1910年《ねん》6月《がつ》に出発《しゅっぱつ》した、イギリス海軍《かいぐん》のスコット大佐《たいさ》率《ひき》いる調査隊《ちょうさたい》だ。当時《とうじ》最新式《さいしんしき》の雪上車《せつじょうしゃ》や力《ちから》の強《つよ》い馬《うま》なども用意《ようい》して、学術調査《がくじゅつちょうさ》や標本《ひょうほん》の採集《さいしゅう》をしながら南極点《なんきょくてん》をめざしていた。

南極点到達《なんきょくてんとうたつ》をただひとつの目標《もくひょう》として出発《しゅっぱつ》したのが、ロアール・アムンセン率《ひき》いるノルウェーの探検隊《たんけんたい》だ。これまで誰《だれ》も挑戦《ちょうせん》しなかった距離《きょり》の短《みじか》いルートを選《えら》んで、伝統的《でんとうてき》な犬《いぬ》ぞりを主力《しゅりょく》に挑戦《ちょうせん》して、1911年《ねん》12月《がつ》14日《か》に人類《じんるい》で初《はじ》めて南極点《なんきょくてん》への到達《とうたつ》に成功《せいこう》したんだ。

スコット隊《たい》が南《なん》極点《きょくてん》に到達《とうたつ》したのは、35日遅《にちおく》れの1912年《ねん》1月《がつ》18日《にち》だった。

南極点近《なんきょくてんちか》くに作《つく》られた観測基地《かんそくきち》は、二人《ふたり》の探検家《たんけんか》をたたえてアムンセン・スコット基地《きち》と名付《なづ》けられている。

▼南極点《なんきょくてん》に到達《とうたつ》したスコット隊《たい》。

大陸《たいりく》の探査《たんさ》と観測《かんそく》が進《すす》んだ20世紀《せいき》

南極大陸横断《なんきょくたいりくおうだん》への挑戦《ちょうせん》

南極点到達《なんきょくてんとうたつ》に続《つづ》く、南極探検《なんきょくたんけん》の英雄時代《えいゆうじだい》の次《つぎ》の目標《もくひょう》は、南極点《なんきょくてん》を経由《けいゆ》した南極大陸《なんきょくたいりく》の横断《おうだん》だった。

南磁極《なんじきょく》への到達《とうたつ》を成功《せいこう》させたシャクルトンは、1914年《ねん》にイギリスの探検隊《たんけんたい》を率《ひき》いて南極大陸横断《なんきょくたいりくおうだん》の冒険《ぼうけん》に出発《しゅっぱつ》した。ところが、探検隊《たんけんたい》を乗《の》せた船《ふね》が氷山《ひょうざん》に閉《と》じ込《こ》められ押《お》しつぶされてしまう。全員脱出《ぜんいんだっしゅつ》することができたが、船《ふね》を失《うしな》った探検《たんけん》隊《たい》は全滅《ぜんめつ》の危機《きき》に陥《おちい》ってしまった。

▲改造《かいぞう》した救命《きゅうめい》ボート。

シャクルトンは、残《のこ》された小《ちい》さな救命《きゅうめい》ボートで世界一《せかいいち》荒《あ》れるといわれるドレーク海峡《かいきょう》の荒海《あらうみ》に乗《の》り出《だ》すと、何《なん》度《ど》も襲《おそ》う転覆《てんぷく》の危機《きき》を乗《の》り越《こ》えて約《やく》1300㎞もの距離《きょり》を航海《こうかい》して、救援《きゅうえん》を呼《よ》ぶことに成功《せいこう》したんだ。冒険《ぼうけん》は失敗《しっぱい》したけれど、全滅《ぜんめつ》の危機《きき》に陥《おちい》った探検隊《たんけんたい》の全員《ぜんいん》を生還《せいかん》させた頼《たの》もしいリーダーとして、シャクルトンは現在《げんざい》でも尊敬《そんけい》されている。

人類《じんるい》が初《はじ》めて南極大陸《なんきょくたいりく》の横断《おうだん》に成功《せいこう》するのは、シャクルトンの挑戦《ちょうせん》から40年以上《ねんいじょう》たった1958年《ねん》のことだ。イギリスのヴィヴィアン・フックス率《ひき》いる探検隊《たんけんたい》が、トラクターを改造《かいぞう》した雪上車《せつじょうしゃ》を使《つか》って、約《やく》3500㎞の道《みち》のりを99日間《にちかん》かけて踏破《とうは》した。この探検《たんけん》の途《と》中《ちゅう》で、南極点《なんきょくてん》の氷《こおり》の下《した》に陸地《りくち》があることが初《はじ》めて確認《かくにん》されている。

▼フックス隊《たい》が使用《しよう》した雪上車《せつじょうしゃ》。

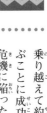

国際《こくさい》地球《ちきゅう》観測年《かんそくねん》と南極観測《なんきょくかんそく》

シャクルトンの冒険《ぼうけん》とともに南極探検《なんきょくたんけん》の英雄時代《えいゆうじだい》が終《お》わると、南極観測《なんきょくかんそく》は新《あたら》しい時代《じだい》を迎《むか》えることになる。実《じつ》は、南極大陸《なんきょくたいりく》の形《かたち》は、氷《こおり》に隠《かく》されてよくわかっていなかった。これを調《しら》べるために導入《どうにゅう》されたのが、1903年《ねん》に発明《はつめい》されて、発達《はったつ》が著《いちじる》しかった飛行機《ひこうき》だ。

画像提供／Council of Managers of National Antarctic Programs (COMNAP)

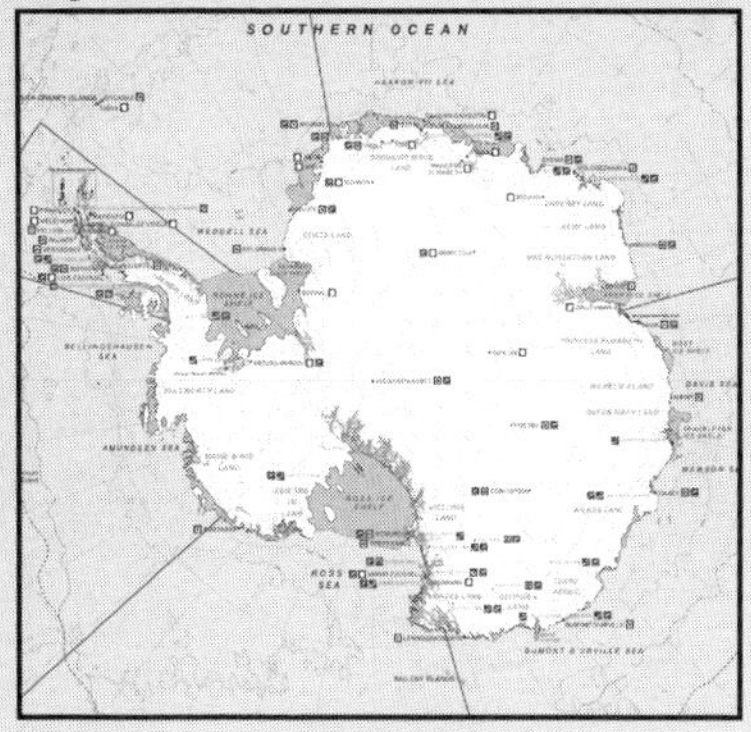

▲南極各地《なんきょくかくち》に観測基地《かんそくきち》が建設《けんせつ》されている。

1946年《ねん》から実施《じっし》されたアメリカ海軍《かいぐん》のハイジャンプ作戦《さくせん》は、5000人近《にんちか》い人員《じんいん》と多数《たすう》の飛行機《ひこうき》を投入《とうにゅう》した一大南極《いちだいなんきょく》観《かん》測作戦《そくさくせん》で、南《なん》極大陸沿岸《きょくたいりくえんがん》の航空写真《こうくうしゃしん》を細《こま》かく撮影《さつえい》して、南極大陸全体《なんきょくたいりくぜんたい》の輪郭《りんかく》を調査《ちょうさ》したんだ。

1957年《ねん》から1958年《ねん》は、国連《こくれん》が定《さだ》めた国際地球観測年《こくさいちきゅうかんそくねん》で、太陽活動《たいようかつどう》やオーロラ、地磁気《ちじき》、氷河《ひょうが》など12項目《こうもく》の国際協力《こくさいきょうりょく》のテーマがあげられ、南極《なんきょく》での観測《かんそく》が世界的《せかいてき》に注目《ちゅうもく》されることになったんだ。

当時《とうじ》、敗戦直後《はいせんちょくご》の日本《にほん》は、科学技術《かがくぎじゅつ》による地球観測《ちきゅうかんそく》で世界《せかい》に認《みと》められようと、南極観測《なんきょくかんそく》に立候補《りっこうほ》したんだ。ちょうどノルウェーが観測環境《かんそくかんきょう》の厳《きび》しさから計画《けいかく》を断念《だんねん》したため、ノルウェーが担当《たんとう》する予定《よてい》だった地域《ちいき》が日本《にほん》に割《わ》り当《あ》てられた。そこが現在《げんざい》の昭和基地《しょうわきち》の周辺《しゅうへん》で、この場所《ばしょ》で日本《にほん》の本格的《ほんかくてき》な南極観測《なんきょくかんそく》が始《はじ》まったんだ。

特別《とくべつ》コラム

世界初《せかいはつ》の人工衛星《じんこうえいせい》は国際《こくさい》地球観測年《ちきゅうかんそくねん》に打《う》ち上《あ》げられた

国際地球観測年《こくさいちきゅうかんそくねん》にあわせて、ソ連（現在《げんざい》のロシア）が打《う》ち上《あ》げたのが、世界初《せかいはつ》の人《じん》工衛星《こうえいせい》のスプートニク1号《ごう》だ。このときから急速《きゅうそく》に発展《はってん》した人工衛星《じんこうえいせい》による観測《かんそく》で、南極全体《なんきょくぜんたい》の変化《へんか》がひと目《め》でわかるようになってきた。衛星通信《えいせいつうしん》は、観測隊《かんそくたい》と各国《かっこく》をつなぐなくてはならない回線《かいせん》になっている。

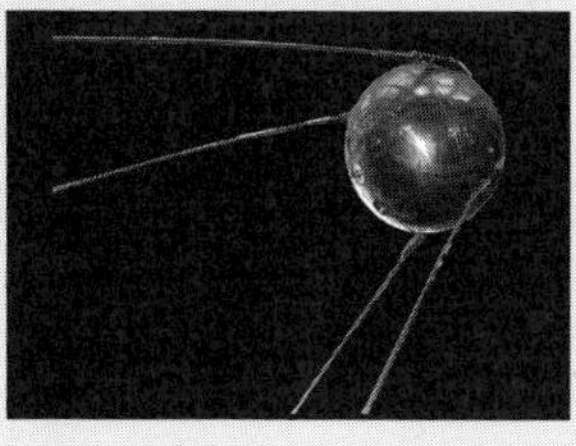

◀スプートニク1号周囲《ごうしゅうい》の突起《とっき》はアンテナだ。

世界《せかい》が協力《きょうりょく》して平和《へいわ》な南極《なんきょく》を保《たも》っていく

平和利用《へいわりよう》を定《さだ》めた 南極条約《なんきょくじょうやく》

南極《なんきょく》で越冬《えっとう》する方法《ほうほう》がわかってくると、いくつかの国《くに》が南極大陸《なんきょくたいりく》が自分《じぶん》の国《くに》の土地《とち》だと領有《りょうゆう》を主張《しゅちょう》し始《はじ》めた。国家《こっか》の考《かんが》え方《かた》とは反対《はんたい》に科学《かがく》の世界《せかい》では、南極《なんきょく》でしか観測《かんそく》できない自然《しぜん》を理解《りかい》して、広《ひろ》い分野《ぶんや》にわたって地球《ちきゅう》を総合的《そうごうてき》に調《しら》べるためには、国際協力《こくさいきょうりょく》が必要《ひつよう》だと考《かんが》えられるようになっていたんだ。

イラスト／佐藤諭

実際《じっさい》に、国際地球《こくさいちきゅう》観測年《かんそくねん》の南極観測《なんきょくかんそく》では、日本《にほん》も含《ふく》めて参《さん》加《か》した12か国《こく》の間《あいだ》で、お互《たが》いの観測情報《かんそくじょうほう》をやりとりできる国際《こくさい》協力関係《きょうりょくかんけい》を作《つく》って成《せい》功《こう》していた。

そこで、国際協力《こくさいきょうりょく》の関係《かんけい》をさらに平和的《へいわてき》に発展《はってん》させて、南極《なんきょく》の平和利用《へいわりよう》を決《き》めたのが南極条約《なんきょくじょうやく》だ。

❶南極地域《なんきょくちいき》の利用《りよう》を平和目的《へいわもくてき》に限《かぎ》る。
❷科学調査《かがくちょうさ》の自由《じゆう》と国際協力《こくさいきょうりょく》の推進《すいしん》。
❸南極地域《なんきょくちいき》での領土《りょうど》の主張《しゅちょう》をひとまずやめること。
❹核実験《かくじっけん》の禁止《きんし》や核廃棄物《かくはいきぶつ》を持《も》ち込《こ》まないこと。

12か国《こく》で始《はじ》まった南極条約《なんきょくじょうやく》は、現在《げんざい》では50以上《いじょう》の国《くに》が参加《さんか》して、南極《なんきょく》の平和《へいわ》と観測《かんそく》に貢献《こうけん》しているんだ。

特別《とくべつ》コラム 南極《なんきょく》ツアーがある!?

実《じつ》は、南極《なんきょく》はかなり人《にん》気《き》の観光地《かんこうち》で、年間《ねんかん》に4万人《まんにん》もの人《ひと》が南極《なんきょく》を訪問《ほうもん》している。

ただし、絶叫《ぜっきょう》する60度《ど》を越《こ》えるときには、現代《げんだい》の大型船《おおがたせん》でも激《はげ》しく揺《ゆ》れるので、ふだんはまったく乗《の》り物《もの》酔《よ》いにならない人《ひと》でも、船《ふな》酔《よ》いになる人《ひと》が続出《ぞくしゅつ》するようだ。

南極《なんきょく》の環境《かんきょう》は、それでも行《い》ってみたい魅力的《みりょくてき》な世界《せかい》なんだ。

一方《いっぽう》で、人間《にんげん》が持《も》ち込《こ》んでしまう物品《ぶっぴん》や生物《せいぶつ》によって南極《なんきょく》の生態《せいたい》系《けい》が悪影響《あくえいきょう》を受《う》けることもある。

南極《なんきょく》の自然《しぜん》を体験《たいけん》するためにも、環境《かんきょう》を守《まも》る努力《どりょく》が必要《ひつよう》なんだ。

山《やま》おく村《むら》の怪事件《かいじけん》

ドラえもんの妹《いもうと》ドラミちゃんのかつやく！

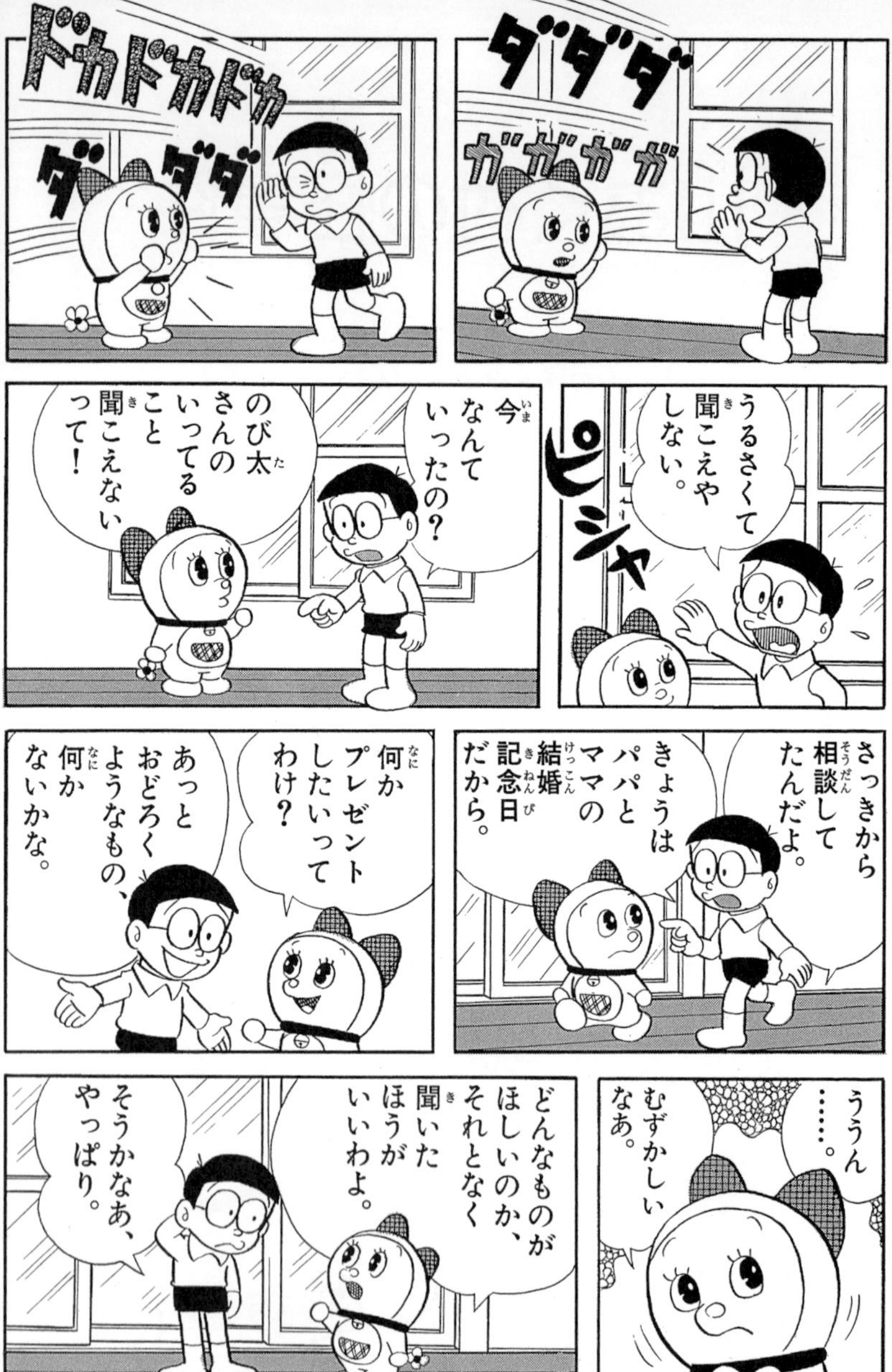

南極《なんきょく》の不思議《ふしぎ》Q&A《キューアンドエー》

Q 南極《なんきょく》では他《ほか》の土地《とち》よりも流《なが》れ星《ぼし》がたくさん流《なが》れる。本当《ほんとう》？ ウソ？

A ウソ　地球全体《ちきゅうぜんたい》で流《なが》れ星《ぼし》の数《かず》はあまり変《か》わらない。ただし、街明《まちあ》かりがない分《ぶん》、日本《にほん》よりはたくさん見《み》える。

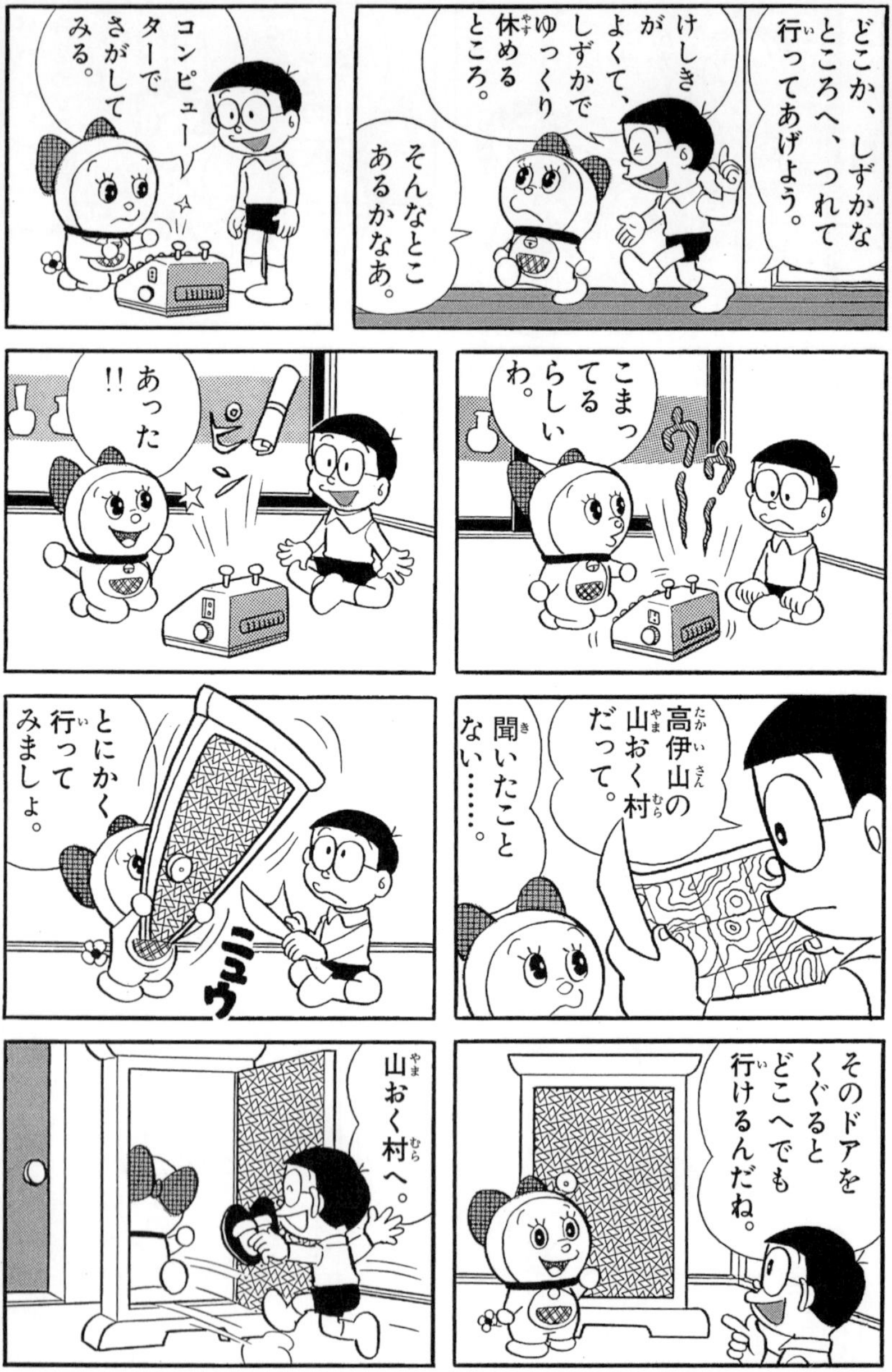

南極《なんきょく》の不思議《ふしぎ》Q&A《キューアンドエー》

Q 南極《なんきょく》の昭和基地《しょうわきち》には郵便局《ゆうびんきょく》がある。本当《ほんとう》？ ウソ？

A 本当《ほんとう》 越冬隊《えっとうたい》の人《ひと》たちが国内《こくない》に出《だ》すのと同《おな》じ料金《りょうきん》で手紙《てがみ》を出《だ》すことができる。ただし、日本《にほん》に配達《はいたつ》されるのは1年《ねん》に1回《かい》だ。

南極《なんきょく》の不《ふ》思《し》議《ぎ》Q&A《キューアンドエー》

Q 南極《なんきょく》への長期航海中《ちょうきこうかいちゅう》でいちばん貴重《きちょう》なものはどれ？

①真水《まみず》

②塩《しお》

③砂糖《さとう》

A ①真水《まみず》　海水《かいすい》から真水《まみず》をつくる装置《そうち》があるが、1日《にち》につくれる量《りょう》は限《かぎ》られている。

南極《なんきょく》の不思《ふ》議《ぎ》Q&A《キューアンドエー》

Q 昭和基地《しょうわきち》で出《で》るトイレなどの生活廃水《せいかつはいすい》はどうする？

①海《うみ》に流《なが》す　②持《も》ち帰《かえ》る　③埋《う》める

A ①海《うみ》に流《なが》す　ただしそのままではなく、微生物《びせいぶつ》を利用《りよう》して汚水《おすい》を浄化《じょうか》した後《あと》で海《うみ》に流《なが》す。

南極《なんきょく》の不思議《ふしぎ》Q&A《キューアンドエー》

Q 昭和基地《しょうわきち》は○○観測《かんそく》の絶好《ぜっこう》の場所《ばしょ》。○○に入《はい》るものは？

①流《なが》れ星《ぼし》 ②月《つき》 ③オーロラ

A ③オーロラ　オングル島《とう》にある昭和基地《しょうわきち》からは、オーロラが直上《ちょくじょう》に見《み》える。

南極《なんきょく》の不思議《ふしぎ》Q&A《キューアンドエー》

Q 日本《にほん》で見《み》る月《つき》と南極《なんきょく》で見《み》る月《つき》、違《ちが》いはある？

①変《か》わらない　②さかさま　③見《み》えない

A ②さかさま　南極《なんきょく》では「逆立《さかだ》ち」をして月《つき》を見《み》ている状態《じょうたい》になる。

南極《なんきょく》の不思議《ふしぎ》Q&A《キューアンドエー》

Q 南極《なんきょく》では風邪《かぜ》を引《ひ》きにくい。本当《ほんとう》？ ウソ？

A 本当《ほんとう》　風邪《かぜ》の原因《げんいん》となるウイルスは単独《たんどく》では存在《そんざい》できないので、人《ひと》の出入《でい》りがほとんどない南極《なんきょく》では風邪《かぜ》を引《ひ》きにくい。

南極《なんきょく》の不思議《ふしぎ》Q&A《キューアンドエー》

Q 日本《にほん》の街《まち》にもあって昭和基地《しょうわきち》周辺《しゅうへん》にもあるものはどれ?

①電柱《でんちゅう》 ②電光掲示板《でんこうけいじばん》 ③標識《ひょうしき》

A

③標識《ひょうしき》　観測隊員《かんそくたいいん》たちが遊《あそ》び心《ごころ》でつくった、「動物注意《どうぶつちゅうい》」や「極道《きょくどう》」と書《か》かれた標識《ひょうしき》が立《た》てられている。

最初《さいしょ》の南極観測隊《なんきょくかんそくたい》はどんなことをしたのか？

第《だい》1次南極観測隊《じなんきょくかんそくたい》、前人未踏《ぜんじんみとう》の地《ち》をめざす！

1956年《ねん》、日本《にほん》の第《だい》1次南極観測隊《じなんきょくかんそくたい》は、砕氷船《さいひょうせん》「宗谷《そうや》」で東京《とうきょう》・晴海埠頭《はるみふとう》を出発《しゅっぱつ》した。めざすは前人未踏《ぜんじんみとう》の地《ち》、南極大陸《なんきょくたいりく》のプリンス・ハラルド海岸《かいがん》だ。

1957～58年《ねん》の国際地球観測年《こくさいちきゅうかんそくねん》に南極観測《なんきょくかんそく》を行《おこな》うことを表明《ひょうめい》した国々《くにぐに》の間《あいだ》では、あらかじめ基地《きち》の建設地域《けんせつちいき》について「話《はな》し合《あ》い」が持《も》たれていた。

ところが太平洋戦争《たいへいようせんそう》に敗《やぶ》れて間《ま》もない日本《にほん》には選択《せんたく》の余地《よち》はなく、世界《せかい》の大国《たいこく》がことごとく上陸《じょうりく》に失敗《しっぱい》している南極大陸《なんきょくたいりく》の難所《なんしょ》が割《わ》り当《あ》てられたのだった。

画像提供／国立極地研究所

▲初代南極観測船《しょだいなんきょくかんそくせん》「宗谷《そうや》」の雄姿《ゆうし》。

最初《さいしょ》の基地《きち》は人《ひと》の手《て》だけで建《た》てられた

「日本《にほん》の観測隊《かんそくたい》は到達《とうたつ》すら不可能《ふかのう》だろう」――そんな国際社会《こくさいしゃかい》の予想《よそう》をくつがえす快挙《かいきょ》が1957年《ねん》1月《がつ》に成《な》し遂《と》げられる。2か月近《げっちか》い航海《こうかい》の末《すえ》、1次隊《じたい》はプリンス・ハラルド海岸《かいがん》のオングル島《とう》への上陸《じょうりく》に成功《せいこう》したのだ。

南極大陸《なんきょくたいりく》に到達《とうたつ》した1次隊《じたい》が果《は》たすべき使命《しめい》は、まず「基地《きち》を建《た》てる」ことだった。海岸《かいがん》に停泊《ていはく》する「宗谷《そうや》」からオングル島《とう》へ、昼夜《ちゅうや》の区別《くべつ》なしに雪上車《せつじょうしゃ》や犬《いぬ》ぞりで物資《ぶっし》を運《はこ》び、3棟《とう》の建物《たてもの》と発電棟《はつでんとう》からなる「昭和基地《しょうわきち》」を完成《かんせい》させた。

画像提供／国立極地研究所

▲建設《けんせつ》されて間《ま》もない昭和基地《しょうわきち》。

最低気温《さいていきおん》マイナス45℃。時《とき》おり吹《ふ》き荒《あ》れるブリザード（暴風雪《ぼうふうせつ》）の風速《ふうそく》は新幹線《しんかんせん》のスピード並《な》み。そんな過酷《かこく》な環境《かんきょう》で基地《きち》を建《た》てることができたのは、事前《じぜん》の厳《きび》しい訓《くん》練《れん》と周到《しゅうとう》な準備《じゅんび》のたまものだった。

出発《しゅっぱつ》に先立《さきだ》ち隊員《たいいん》は、冬《ふゆ》の北海道《ほっかいどう》の分厚《ぶあつ》い氷《こおり》が張《は》った湖上《こじょう》を南極《なんきょく》に見立《みた》てて約《やく》1か月《げつ》の訓練《くんれん》を行《おこな》った。

限《かぎ》られた人数《にんずう》で短期間《たんきかん》で建物《たてもの》を建《た》てる方法《ほうほう》も議論《ぎろん》された。その結果《けっか》、あらかじめ工場《こうじょう》で作《つく》った部材《ぶざい》を現地《げんち》で組《く》み立《た》てるプレハブ工法《こうほう》が採用《さいよう》された。南極《なんきょく》で試《ため》され実証《じっしょう》された技術《ぎじゅつ》は、この他《ほか》にもさまざまな分野《ぶんや》に活《い》かされている。

イラスト／佐藤 諭

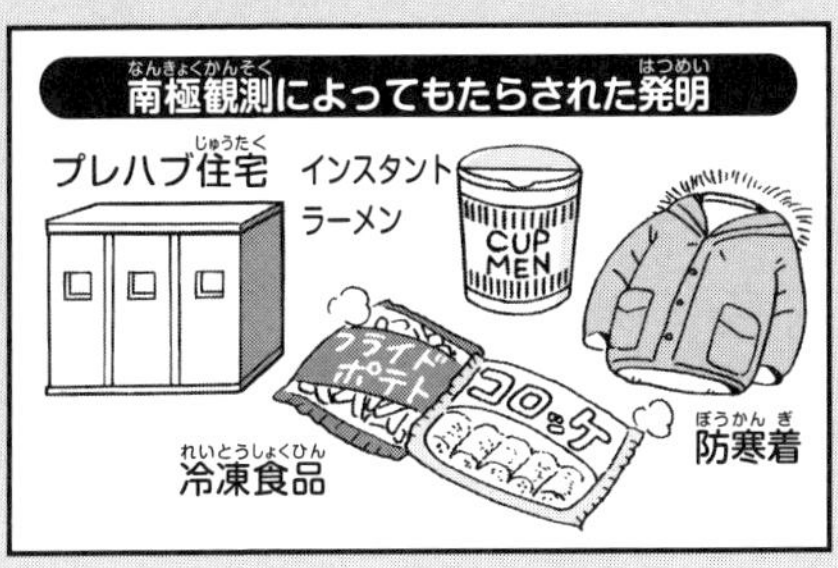
南極観測《なんきょくかんそく》によってもたらされた発明《はつめい》
プレハブ住宅《じゅうたく》
インスタントラーメン
CUP MEN
フライドポテト
コロッケ
冷凍食品《れいとうしょくひん》
防寒着《ぼうかんぎ》

昭和基地《しょうわきち》を完成《かんせい》させた1次隊《じたい》は、越冬隊員《えっとうたいいん》11名《めい》と、食糧《しょくりょう》と燃料《ねんりょう》を残《のこ》して無事帰還《ぶじきかん》。日本《にほん》の南極《なんきょく》への挑戦《ちょうせん》は予想《よそう》以上《いじょう》の大成功《だいせいこう》を収《おさ》めたのだった。

特別《とくべつ》コラム

日本《にほん》を感動《かんどう》させたタロとジロの奇跡《きせき》

第《だい》1次《じ》南極観測《なんきょくかんそく》の偉業《いぎょう》を引《ひ》き継《つ》ぐべく、「宗谷《そうや》」は2次隊《じたい》を乗《の》せ、翌年再《よくとしふたた》び昭和基地《しょうわきち》をめざした。しかし、海氷《かいひょう》に行《い》く手《て》をはばまれ、約《やく》1か月間立《げつかんた》ち往生《おうじょう》してしまう。「基地《きち》へ2次隊《じたい》を送《おく》り込《こ》むことはおろか、このままでは『宗谷《そうや》』が遭難《そうなん》してしまう」。事態《じたい》は刻一刻《こくいっこく》を争《あらそ》う。雪上《せつじょう》飛行機《ひこうき》を往復《おうふく》させ、やっとのことで1次《じ》の越冬隊員《えっとうたいいん》を収容《しゅうよう》した後《あと》、苦渋《くじゅう》の決断《けつだん》が下《くだ》される──「2次隊《じたい》の越冬計画《えっとうけいかく》は中止《ちゅうし》」。宗谷《そうや》は日本《にほん》へ引《ひ》き返《かえ》した。無人《むじん》となった基地《きち》につながれたままの、15頭《とう》のカラフト犬《けん》を残《のこ》して……。

その約《やく》1年後《ねんご》、前年《ぜんねん》の無念《むねん》を晴《は》らし再《ふたた》び南極《なんきょく》に到達《とうたつ》しつつある3次隊《じたい》の隊員《たいいん》は、置《お》き去《ざ》りにしてしまった犬《いぬ》を思《おも》い心《こころ》を痛《いた》めていた。「かわいそうなことをした……」そのとき、調査《ちょうさ》のために基地上《きちじょう》空《くう》を飛《と》ぶ雪上飛行機《せつじょうひこうき》から通信《つうしん》が入《はい》った。「基地《きち》の近《ちか》くに動《うご》く影《かげ》がある！」それは南極《なんきょく》の厳《きび》しい冬《ふゆ》を生《い》き延《の》びた、タロとジロの姿《すがた》だったのだ！

画像提供／国立極地研究所

南極観測《なんきょくかんそく》の最新事情《さいしんじじょう》とは？

日本《にほん》の観測拠点《かんそくきょてん》「昭和基地《しょうわきち》」の現在《げんざい》

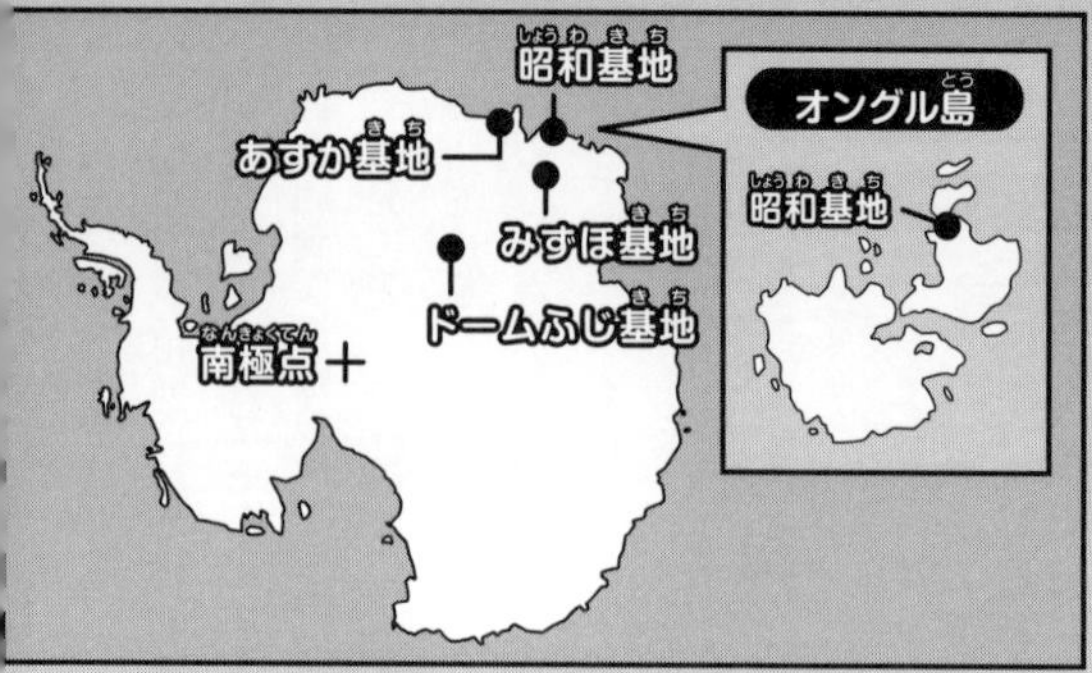

学校《がっこう》の教室《きょうしつ》ほどの広《ひろ》さの4棟《とう》の建物《たてもの》から始《はじ》まった昭和基地《しょうわきち》は、その後改築《ごかいちく》や増築《ぞうちく》をくり返《かえ》して設備《せつび》を充実《じゅうじつ》させた。現在《げんざい》の建物《たてもの》の総数《そうすう》は68棟《とう》。その総面積《そうめんせき》は、ちょうどサッカーフィールドくらいだ。

隊員《たいいん》たちの拠点《きょてん》は、隊長室《たいちょうしつ》や通信室《つうしんしつ》、食堂《しょくどう》や厨房《ちゅうぼう》、などが入《はい》る3階建《かいだ》ての「管理棟《かんりとう》」。生《せい》活《かつ》に関《かか》わる建物《たてもの》は、高《たか》床式《ゆかしき》の廊下《ろうか》でつながり、外《そと》に出《で》ることなく行《い》き来《き》できる。周辺《しゅうへん》には、天体《てんたい》や気象《きしょう》、生《せい》物《ぶつ》の観測《かんそく》を行《おこな》う建物《たてもの》やレーダーなどが点《てん》在《ざい》している。

また、これまでに昭和基地以外《しょうわきちいがい》の観測《かんそく》拠点《きょてん》として3つの基《き》地《ち》がつくられている。このうち、内陸部《ないりくぶ》の高度《こうど》3810mに位《い》置《ち》する「ドームふじ基地《きち》」では、その立《りつ》地《ち》を活《い》かした、ある調査《ちょうさ》が最近《さいきん》まで行《おこな》われていた。

画像提供／国立極地研究所

気球《ききゅう》から見下《みお》ろした昭和基地《しょうわきち》

厳《きび》しい環境《かんきょう》で地球《ちきゅう》と宇宙《うちゅう》を観測《かんそく》する意義《いぎ》

「ドームふじ基地《きち》」は氷床《ひょうしょう》ができるだけ高《たか》いところをわざわざ選《えら》んで建《た》てられた。氷床《ひょうしょう》の最深部《さいしんぶ》までドリルで掘削《くっさく》して、氷床《ひょうしょう》の柱状《ちゅうじょう》サンプルを採取《さいしゅ》するためだ。

氷床《ひょうしょう》は、南極大陸《なんきょくたいりく》に降《ふ》り積《つ》もった雪《ゆき》が氷《こおり》に変化《へんか》しながら、何十万年《なんじゅうまんねん》もかけて積《つ》み重《かさ》なった、いわば「氷《こおり》の地層《ちそう》」だ。氷床《ひょうしょう》そのものや、その中《なか》に閉《と》じこめられた空気《くうき》には、氷床《ひょうしょう》が形成《けいせい》された当時《とうじ》の情報《じょうほう》がタイムカプセルのように閉《と》じこめられている……つまり、大昔《おおむかし》の地球《ちきゅう》の気候《きこう》や環《かん》境《きょう》を知《し》る手《て》がかりとなるのだ。

基地周辺《きちしゅうへん》の最低気温《さいていきおん》は約《やく》マイナス80℃、空気《くうき》がうすいのでちょっと動《うご》くだけで息切《いきぎ》れがする――そんな環境《かんきょう》で、観測隊《かんそくたい》による氷《こおり》の掘《ほ》り出《だ》しが試《こころ》みられた。そして6年間《ねんかん》にわたる準備《じゅんび》と掘削作業《くっさくさぎょう》の末《すえ》、深《ふか》さ3035mに眠《ねむ》る、72万年間《まんねんかん》の氷《こおり》の採取《さいしゅ》に成功《せいこう》したのだった。

南極《なんきょく》は「宇宙空間《うちゅうくうかん》に開《ひら》かれた地球《ちきゅう》の窓《まど》」ともいわれる。ドームふじ基地《きち》の氷床調査《ひょうしょうちょうさ》のほかにも、太陽活動《たいようかつどう》が原因《げんいん》で発生《はっせい》するオーロラ現象《げんしょう》や、オゾン層《そう》のオゾンホールの観測《かんそく》データ収集《しゅうしゅう》などが続《つづ》けられている。

▲ゴム気球《ききゅう》による高層気象観測《こうそうきしょうかんそく》のようす。

▲氷床《ひょうしょう》から取《と》り出《だ》された柱状《ちゅうじょう》サンプル。

画像提供／国立極地研究所

特別《とくべつ》コラム　最新技術《さいしんぎじゅつ》を取《と》り入《い》れた新施設《しんしせつ》「自然《しぜん》エネルギー棟《とう》」

自然《しぜん》エネルギー棟《とう》は「南極《なんきょく》の環境《かんきょう》に耐《た》え、南極特有《なんきょくとくゆう》の気象《きしょう》を利用《りよう》する」という思想《しそう》で設計《せっけい》された最新《さいしん》の建築物《けんちくぶつ》。独特《どくとく》な建物《たてもの》の形《かたち》は、風《かぜ》の流《なが》れを整《ととの》え雪《ゆき》の吹《ふ》きだまりを減《へ》らす効果《こうか》がある。また、ソーラーパネルを使《つか》った暖房設備《だんぼうせつび》のおかげで、夏《なつ》は太陽光《たいようこう》だけで室内《しつない》が20℃まで温《あたた》まるという。

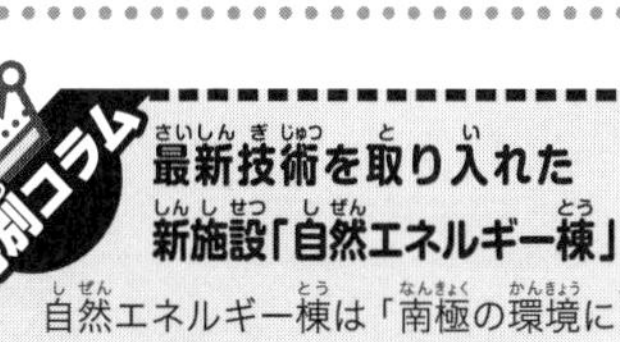

画像提供／国立極地研究所

南極観測船《なんきょくかんそくせん》「しらせ」の航海《こうかい》と船上生活《せんじょうせいかつ》

砕氷船《さいひょうせん》ってどんな船《ふね》？

画像提供／国立極地研究所

▲水《みず》を噴射《ふんしゃ》し雪《ゆき》との摩擦《まさつ》を小《ち》さくしてラミング航法《こうほう》を行《おこな》う。

２００９年《ねん》から任務《にんむ》についた「しらせ（2代目《だいめ》）」は、観測隊員《かんそくたいいん》を80人《にん》まで乗《の》せられるようになり、より多《おお》くの物資《ぶっし》が積《つ》み込《こ》めるようになった。

砕氷能力《さいひょうのうりょく》も世界《せかい》トップクラスで、厚《あつ》さ１・５ｍまでの氷《こおり》なら、人《ひと》が歩《ある》くくらいの速《はや》さで砕《くだ》きながら前進《ぜんしん》できる。１・５ｍを超《こ》える場合《ばあい》は「ラミング航法《こうほう》」を使《つか》う。一度《いちど》船《ふね》をバックさせ、全速力《ぜんそくりょく》で「助走《じょそう》」をつけて海氷《かいひょう》に乗《の》り上《あ》げ、船《ふね》の重《おも》みで氷《こおり》を砕《くだ》く。このとき活躍《かつやく》するのが、船首《せんしゅ》から水《みず》を噴射《ふんしゃ》する機能《きのう》。海氷《かいひょう》の上《うえ》に積《つ》もった雪《ゆき》と船《ふね》の摩擦《まさつ》を小《ち》さくして、船《ふね》を進《すす》みやすくすることができる。

昭和基地《しょうわきち》の周辺《しゅうへん》は「多年氷帯《たねんひょうたい》」と呼《よ》ばれる分厚《ぶあつ》い海氷《かいひょう》に囲《かこ》まれていて、氷《こおり》の厚《あつ》みは最大《さいだい》６〜７ｍ、積雪《せきせつ》も２ｍに達《たっ》する。「しらせ」は年《とし》によってはラミング航法《こうほう》を数千回《すうせんかい》も繰《く》り返《かえ》して、１日数《にちすう》㎞のペースで基地《きち》をめざす。

歴代観測船《れきだいかんそくせん》の大《おお》きさ比較《ひかく》

	宗谷《そうや》	ふじ	しらせ	しらせ（2代目《だいめ》）
就役《しゅうえき》	1938年《ねん》6月《がつ》	1965年《ねん》5月《がつ》	1982年《ねん》11月《がつ》	2009年《ねん》5月《がつ》
南極観測《なんきょくかんそく》	第《だい》1〜6次《じ》	第《だい》7〜24次《じ》	第《だい》25〜49次《じ》	第《だい》51次《じ》〜
シルエット				
全長《ぜんちょう》	83.6m	100m	134m	138m
最大幅《さいだいはば》	12.8m	22m	28m	28m
最大速度《さいだいそくど》	13ノット	17ノット	19ノット	19ノット

船《ふね》の乗《の》り心地《ごこち》と船上生活《せんじょうせいかつ》

砕氷船《さいひょうせん》は、船底《せんてい》が丸《まる》い形《かたち》をしている。これは、海氷《かいひょう》に乗《の》り上《あ》げて氷《こおり》を砕《くだ》きやすくするためだ。しかし、それとひきかえに、船《ふね》が揺《ゆ》れやすい。南極大陸《なんきょくたいりく》に行《い》くには暴風圏《ぼうふうけん》を通過《つうか》しなければならないが、かつての宗谷《そうや》は62度《ど》も傾《かたむ》いた記録《きろく》があるという。

船《ふね》の揺《ゆ》れを除《のぞ》けば、船上生活《せんじょうせいかつ》を送《おく》るうえでの設備《せつび》は何《なに》不自由《ふじゆう》ない。隊員《たいいん》用《よう》の2人部屋《りべや》には、ベッドはもちろんデスクもある。船《せん》内《ない》のトイレはすべて温水洗浄機能《おんすいせんじょうきのう》付《つ》き。理容室《りようしつ》やランドリー、トレーニングルームや浴室《よくしつ》もある。ただしお風呂《ふろ》は海水《かいすい》を使用《しよう》するそうだ。

画像提供／国立極地研究所

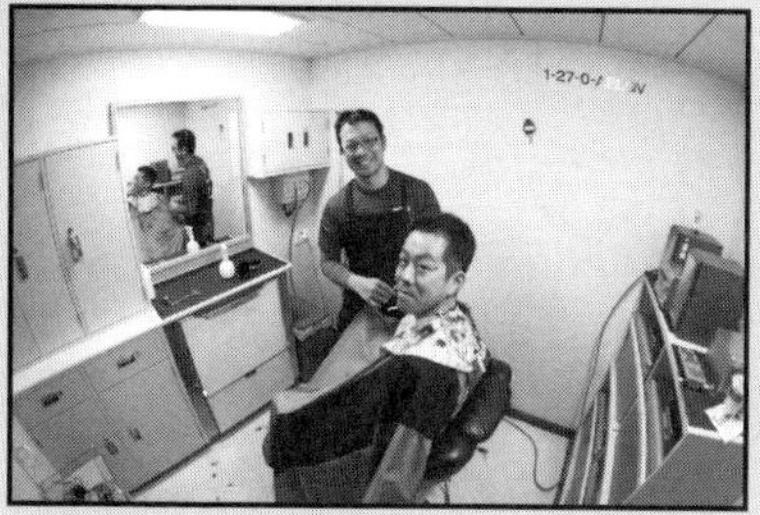

▲1か月《げつ》以上《いじょう》の船上生活《せんじょうせいかつ》では髪《かみ》ものびる……美容師《びようし》や理容師《りようし》は乗船《じょうせん》していないので隊員同士《たいいんどうし》で！

特別《とくべつ》コラム

雪上車《せつじょうしゃ》は南極仕様《なんきょくしよう》の「キャンピングカー」

昭和基地《しょうわきち》から数千《すうせん》km離《はな》れた南《なん》極大陸《きょくたいりく》の内陸部《ないりくぶ》へ調査《ちょうさ》におもむくとき、隊員《たいいん》の移動手段《いどうしゅだん》となり生活《せいかつ》の拠点《きょてん》となるのが雪上車《せつじょうしゃ》だ。

富士山《ふじさん》より高《たか》い場所《ばしょ》にある、雪《ゆき》や氷《こおり》でできた「道《みち》なき道《みち》」を、重《おも》い荷物《にもつ》をひいて走破《そうは》できる性能《せいのう》を備《そな》えつつ、隊員《たいいん》が数《すう》か月《げつ》にわたって車内《しゃない》で寝泊《ねと》まりができるよう、暖房設備《だんぼうせつび》はもちろん、キッチンやベッドまでついている。

▲最新《さいしん》の大型雪上車《おおがたせつじょうしゃ》とその車内《しゃない》。シェルターとしての役割《やくわり》も担《にな》う。

画像提供／国立極地研究所・JARE56 高橋学察

雪《ゆき》山《やま》のロマンス

いやあよ。
いつもいっしょに宿題《しゅくだい》やろうといって、あたしの答《こた》えをうつすだけでしょ。
たまには自分《じぶん》でやらなくちゃだめ！
…………。
心配《しんぱい》になってきた。
なにが。
タイムマシンで調《しら》べるとぼくは将来《しょうらい》しずちゃんと結婚《けっこん》することになってるだろ。
でもね、どうもいまのとこそんなムードじゃないんだ。
いや、ぼくもかねがねふしぎに思《おも》ってた。

南極《なんきょく》の不思議《ふしぎ》Q&A《キューアンドエー》

Q シャーベット状《じょう》の氷水《こおりみず》の中《なか》でも平気《へいき》な魚《さかな》がいる。本当《ほんとう》？　ウソ？

A 本当《ほんとう》　ふだんから氷《こおり》の下《した》で生《い》きているボウズハゲギスは、シャーベット状《じょう》の氷水《こおりみず》の中《なか》でもまったく平気《へいき》なんだ。

南極《なんきょく》の不思議《ふしぎ》Q&A《キューアンドエー》 **Q** 南極《なんきょく》の魚《さかな》は冷凍《れいとう》することができない。本当《ほんとう》? ウソ?

A ウソ　さすがの南極《なんきょく》の魚《さかな》もマイナス30℃の冷凍庫《れいとうこ》の中《なか》では凍《こお》りついてしまうんだ。

世界地図《せかいちず》をもってきたの？のび太《た》さんらしいわ。
オートコンパスが道《みち》を教《おし》えてくれるからへいきよ。
そんならいいんだ。
岩《いわ》あながあるわ、ひと休《やす》みしていきましょうか。
それがいい。ひと休《やす》みしていこう。
雪山《ゆきやま》のそうなんでおそろしいのは凍死《とうし》だ。たき火《び》をして体温《たいおん》をあげよう。
きっとマッチがグショぬれになってるだろうけど心配《しんぱい》しなくていい。
ぼくは火《ひ》のおこしかたをしってるんだ。
木《き》と木《き》をこすり合《あ》わせればいいんだよ。
うまくいかないなあ。
じゃ、ライター使《つか》う？

Q 南極海《なんきょくかい》と北極海《ほっきょくかい》では、どちらが大《おお》きい？

①南極海《なんきょくかい》

②北極海《ほっきょくかい》

A ①南極海《なんきょくかい》　地球《ちきゅう》の海《うみ》は大《おお》きく5つの大洋《たいよう》にわけられていて、南極海《なんきょくかい》が4番目《ばんめ》、北極海《ほっきょくかい》が5番目《ばんめ》の大《おお》きさだ。

南極《なんきょく》の不思議《ふしぎ》Q&A《キューアンドエー》

Q 日本《にほん》の研究《けんきゅう》チームが2015年《ねん》に南極《なんきょく》で初《はじ》めて発見《はっけん》した菌類《きんるい》は氷点下《ひょうてんか》でも成長《せいちょう》する。本当《ほんとう》? ウソ?

A 本当《ほんとう》 菌類《きんるい》が低温環境《ていおんかんきょう》で生《い》きるための機能《きのう》を、医薬品《いやくひん》の開発《かいはつ》などに利用《りよう》する研究《けんきゅう》も進《すす》められているよ。

昭和《しょうわ》基地《きち》に着《つ》いた観測隊員《かんそくたいいん》は何《なに》をする？

吹雪《ふぶき》がやんでるわ。

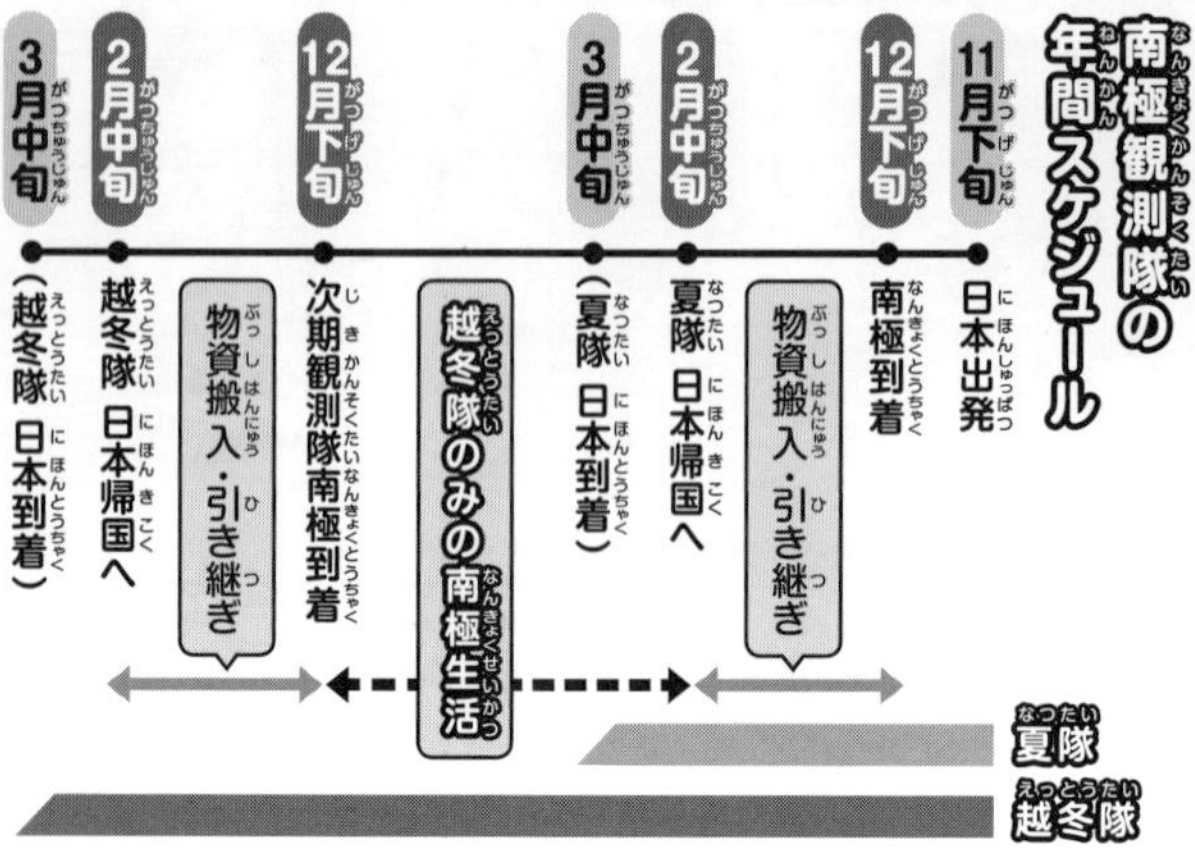
南極観測隊《なんきょくかんそくたい》の年間《ねんかん》スケジュール
11月下旬《がつげじゅん》 日本出発《にほんしゅっぱつ》
12月下旬《がつげじゅん》 南極到着《なんきょくとうちゃく》
物資搬入《ぶっしはんにゅう》・引《ひ》き継《つ》ぎ
2月中旬《がつちゅうじゅん》 夏隊《なつたい》 日本帰国《にほんきこく》へ
3月中旬《がつちゅうじゅん》 （夏隊《なつたい》 日本到着《にほんとうちゃく》）
越冬隊《えっとうたい》のみの南極生活《なんきょくせいかつ》
12月下旬《がつげじゅん》 次期観測隊南極到着《じきかんそくたいなんきょくとうちゃく》
物資搬入《ぶっしはんにゅう》・引《ひ》き継《つ》ぎ
2月中旬《がつちゅうじゅん》 越冬隊《えっとうたい》 日本帰国《にほんきこく》へ
3月中旬《がつちゅうじゅん》 （越冬隊《えっとうたい》 日本到着《にほんとうちゃく》）
夏隊《なつたい》
越冬隊《えっとうたい》

観測隊《かんそくたい》の交代要員《こうたいよういん》と物資《ぶっし》を乗《の》せて「しらせ」が基地《きち》にやってくるのは年《ねん》に1回《かい》だけ。2月中旬《がつちゅうじゅん》にしらせが南極《なんきょく》を発《た》つと、12月《がつ》まで越冬隊員数十《えっとうたいいんすうじゅう》名《めい》だけで生活《せいかつ》を送《おく》ることになる。

基地《きち》がもっともにぎやかになる2か月半《げつはん》

約《やく》70名《めい》で構成《こうせい》される南極観測隊《なんきょくかんそくたい》のうち、1年間《ねんかん》を昭和《しょうわ》基地《きち》で過《す》ごす隊員《たいいん》は「越冬隊《えっとうたい》」と呼《よ》ばれる。もう半数《はんすう》の「夏隊《なつたい》」は野外《やがい》の観測《かんそく》・調査《ちょうさ》や基地《きち》の設営《せつえい》などに携《たずさ》わる。

12月下旬《がつげじゅん》、観測隊員《かんそくたいいん》を乗《の》せた「しらせ」が昭和基地《しょうわきち》にやってくると、物資《ぶっし》の運搬《うんぱん》や建設作業《けんせつさぎょう》などが速《すみ》やかに開始《かいし》される。

屋外《おくがい》で活動《かつどう》しやすい南極《なんきょく》の夏《なつ》は短《みじか》い。その間《あいだ》にすべての準備《じゅんび》が終《お》えられるよう、滞在中《たいざいちゅう》の越冬隊《えっとうたい》、来《き》たばかりの越冬隊《えっとうたい》と夏隊《なつたい》、「しらせ」の乗《の》組員《くみいん》たちが総動員《そうどういん》で作業《さぎょう》を行《おこな》う。

画像提供／国立極地研究所

▲例年《れいねん》2月1日《がつついたち》に行《おこな》われる「越冬交代式《えっとうこうたいしき》」。基地《ち》が、次《つぎ》の越冬隊《えっとうたい》に引《ひ》き継《つ》がれる。

隊員《たいいん》たちの越冬《えっとう》を左右《さゆう》するもの

越冬隊《えっとうたい》が、計画通《けいかくどお》りに観測《かんそく》や調査《ちょうさ》を行《おこな》えるかどうかは「物資《ぶっし》」にかかっている。なかでも燃料《ねんりょう》の運《うん》ぱんが最優先《さいゆうせん》事項《じこう》だ。暖房《だんぼう》や照明《しょうめい》などに必要《ひつよう》な電気《でんき》を生《う》み出《だ》すディーゼル発電機《はつでんき》に、雪上車《せつじょうしゃ》のエンジン……南極生活《なんきょくせいかつ》のライフラインはすべて燃料《ねんりょう》にかかっているからだ。

「しらせ」が接岸《せつがん》した場所《ばしょ》が基地《きち》から1km以内《いない》であれば、燃料《ねんりょう》は基地《きち》のタンクにパイプをつないで送《おく》ることができる。しかし、その年《とし》の気象状況《きしょうじょうきょう》によっては、基地周辺《きちしゅうへん》が厚《あつ》い海氷《かいひょう》で閉《と》ざされ、「しらせ」が基地《きち》に十分近《じゅうぶんちか》づけないこともある。そんなときは、ドラム缶《かん》やタンクに燃料《ねんりょう》をつめて、何往復《なんおうふく》もかけて空輸《くうゆ》される。物資《ぶっし》の運搬《うんぱん》の主役《しゅやく》は「しらせ」に搭載《とうさい》された大型《おおがた》ヘリコプター。雪上車《せつじょうしゃ》での陸送《りくそう》より速《はや》く、かつ海氷《かいひょう》が割《わ》れる危険《きけん》にさらされることなく、安全《あんぜん》に運《はこ》べるからだ。

2月中旬《がっちゅうじゅん》、任務《にんむ》を終《お》えた夏隊《なつたい》と、前《まえ》の越冬隊《えっとうたい》が「しらせ」に乗《の》って南極《なんきょく》を去《さ》ると、昭和基地《しょうわきち》の業務《ぎょうむ》を引《ひ》き継《つ》いだ新《あたら》しい越冬隊員《えっとうたいいん》だけの1年《ねん》が始《はじ》まる。

基地《きち》での生活《せいかつ》は、「決《き》まった時間《じかん》に起《お》きて、決《き》まった時《じ》間《かん》に寝《ね》る」ことが鉄則《てっそく》だ。長《なが》い南極生活《なんきょくせいかつ》での体調維持《たいちょういじ》には、規則正《きそくただ》しいスケジュール管理《かんり》が欠《か》かせない。

基地《きち》の限《かぎ》られたスペースで、隊員《たいいん》がおたがいにうまくやっていく工夫《くふう》も必要《ひつよう》だ。歴代《れきだい》の越冬隊《えっとうたい》によって積《つ》み重《かさ》ねられた経験《けいけん》とノウハウを受《う》け継《つ》ぎつつ、暮《く》らし方《かた》のルールが全員《ぜんいん》で話《はな》し合《あ》って決《き》められるという。

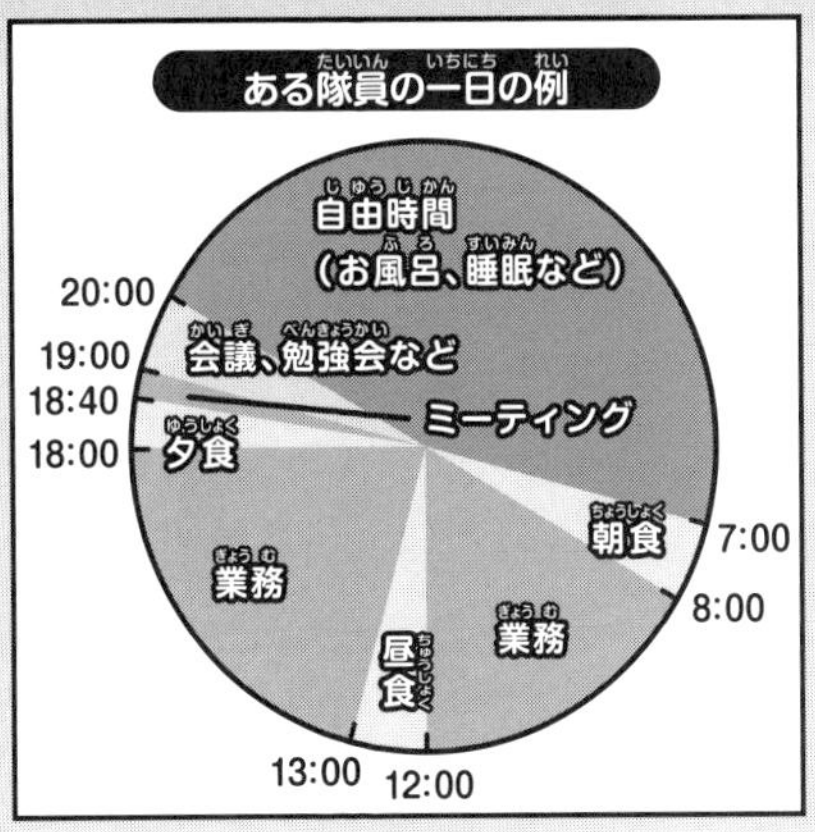
ある隊員《たいいん》の一日《いちにち》の例《れい》
自由時間《じゆうじかん》
(お風呂《ふろ》、睡眠《すいみん》など)
20:00
会議《かいぎ》、勉強会《べんきょうかい》など
19:00
18:40
ミーティング
18:00
夕食《ゆうしょく》
朝食《ちょうしょく》
7:00
8:00
業務《ぎょうむ》
業務《ぎょうむ》
昼食《ちゅうしょく》
13:00
12:00

画像提供／国立極地研究所

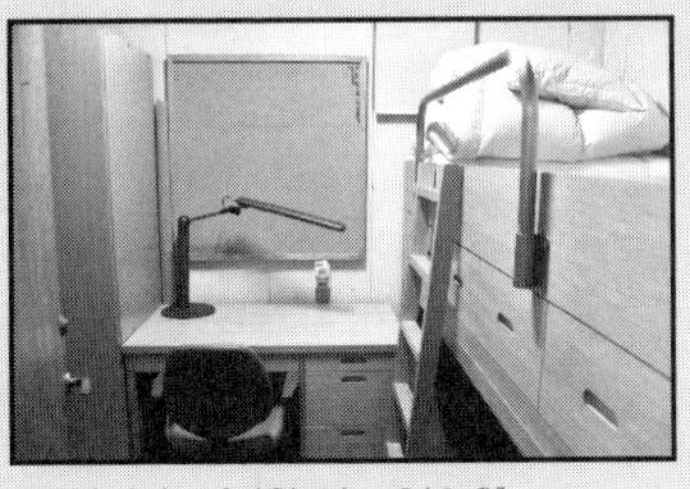

▲昭和基地《しょうわきち》の越冬隊員《えっとうたいいん》の個室《こしつ》。広《ひろ》さはビジネスホテルのひとり部屋くらい。

南極《なんきょく》の暮《く》らしはどこが同《おな》じ？ どこが違《ちが》う？

それぞれが決《き》められた任務《にんむ》をまっとうする

南極観測隊《なんきょくかんそくたい》は、自然科学《しぜんかがく》の観測《かんそく》・調査《ちょうさ》を専門《せんもん》とした研究者《けんきゅうしゃ》の集《あつ》まりだと考《かんが》えられがちだ。

ところが、氷《こおり》の海《うみ》に閉《と》ざされた南極《なんきょく》では、観測《かんそく》や調査《ちょうさ》に専念《せんねん》するだけでなく、自《みずか》らの生活《せいかつ》も管理《かんり》しなければならない。これは日本《にほん》に住《す》む私《わたし》たちにとっては簡単《かんたん》なことのように思《おも》えるが、南極《なんきょく》ではそうはいかない。いったん昭和基地《しょうわきち》での暮《く》らしがはじまれば、次《つぎ》に「しらせ」がやってくるまで人員《じんいん》の交代《こうたい》も補給《ほきゅう》も不可能《ふかのう》。何《なに》か起《お》こったら、すべてを隊員同士《たいいんどうし》で補《おぎな》い合《あ》って、解決《かいけつ》する必要《ひつよう》がある。

そこで越冬隊《えっとうたい》はいろいろな職業《しょくぎょう》の人《ひと》たちが隊員《たいいん》に加《くわ》わり、基地《きち》での暮《く》らしを支《ささ》えている。建物《たてもの》や観測施設《かんそくしせつ》、車両《しゃりょう》のメンテナンスを担当《たんとう》する技術者《ぎじゅつしゃ》、基地《きち》の通信《つうしん》を管理《かんり》する通信士《つうしんし》、調理師《ちょうりし》に医師《いし》……などなど。

研究者《けんきゅうしゃ》とさまざまな分野《ぶんや》のスペシャリストたちが力《ちから》を合《あ》わせて、南極観測《なんきょくかんそく》は初《はじ》めて成功《せいこう》するのだ。

基地《きち》の中《なか》に小《ちい》さな「街《まち》」がある！

南極観測隊《なんきょくかんそくたい》として、数十年《すうじゅうねん》ぶりに昭和基地《しょうわきち》を訪《おとず》れたある隊員《たいいん》が、以前《いぜん》とは比《くら》べものにならない充実《じゅうじつ》した設備《せつび》に驚《おどろ》いたという。浴室《よくしつ》、トイレなどはもちろん、バーやサロンなどの娯楽《ごらく》施設《しせつ》も完備《かんび》。医務室《いむしつ》や理容室《りようしつ》、野菜《やさい》の栽《さい》培《ばい》ルームもある。

衛星電話《えいせいでんわ》で家族《かぞく》や友人《ゆうじん》と話《はな》したり、インターネットに接続《せつぞく》

◀万《まん》が一《いち》の事態《じたい》に備《そな》え、医務室《いむしつ》には本格《ほんかく》的《てき》な手術《しゅじゅつ》ができる設備《せつび》がある。

▼野菜《やさい》の水耕栽培設備《すいこうさいばいせつび》。土《つち》を使用《しよう》せず、水《みず》とLED《エルイーディー》照明《しょうめい》で育《そだ》てることができる。

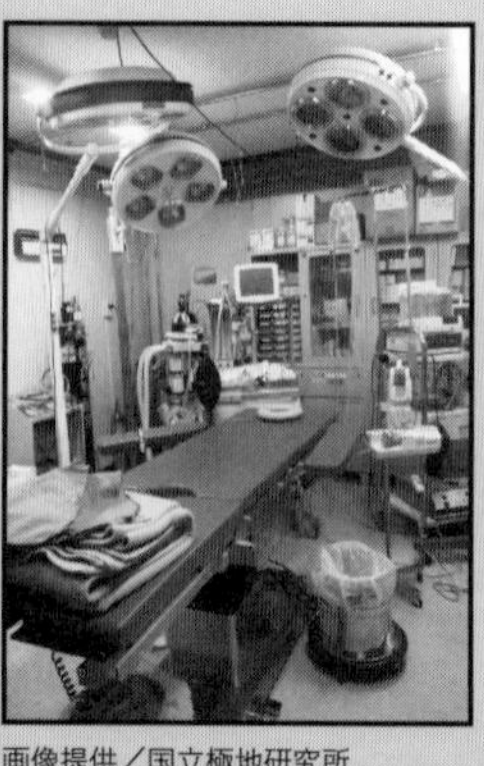

画像提供／国立極地研究所

画像提供／国立極地研究所

◀▲日本《にほん》と変《か》わらぬメニューに驚《おどろ》き！ 隊員《たいいん》はスケジュールに追《お》われる日常《にちじょう》を送《おく》るが、夕食《ゆうしょく》はなるべく全員《ぜんいん》でとるようにしているそう。

して、メールを送受信《そうじゅしん》することも可能《かのう》だ。

多忙《たぼう》で、ときには過酷《かこく》な南極《なんきょく》の生活《せいかつ》で、隊員《たいいん》たちがとりわけ楽《たの》しみにしているのが毎日《まいにち》の食事《しょくじ》だ。

和食《わしょく》に中華《ちゅうか》、フレンチにイタリアン……2名《めい》のコックが腕《うで》をふるい、さまざまな料理《りょうり》が味《あじ》わえるが、毎週金曜《まいしゅうきんよう》の昼食《ちゅうしょく》は、なぜかいつもカレーライス。

太陽《たいよう》が出《で》ない「極夜《きょくや》」が1か月半《げつはん》も続《つづ》くなど、環境《かんきょう》の変化《へんか》を感《かん》じにくい南極《なんきょく》の冬《ふゆ》。その中《なか》で忘《わす》れがちな、曜《よう》日《び》の感覚《かんかく》を思《おも》い出《だ》すためなのだとか！

大変《たいへん》な仕事《しごと》の合間《あいま》に楽《たの》しいイベントも！

5月末《がつまつ》から始《はじ》まる極夜《きょくや》の間《あいだ》に、南極《なんきょく》は冬至《とうじ》を迎《むか》える。そして、この日《ひ》に合《あ》わせて、南極《なんきょく》にある世界各国《せかいかっこく》の越冬《えっとう》基地《きち》では「ミッドウィンターフェスティバル」という南《なん》極伝統《きょくでんとう》のイベントが開《ひら》かれる。

南極《なんきょく》で迎《むか》えた冬至《とうじ》をみんなで盛大《せいだい》に祝《いわ》い、各国《かっこく》の基地《きち》の間《あいだ》では、お互《たが》いの観測《かんそく》の成功《せいこう》をたたえ、無事《ぶじ》を祈《いの》るメッセージが交換《こうかん》されるという。

画像提供／国立極地研究所

▼楽《たの》しそう？ でも寒《さむ》そう……！ 越冬隊対抗《えっとうたいたいこう》雪上《せつじょう》ドッジボール!!

▼南極《なんきょく》の冬至《とうじ》を祝《いわ》って……「かまくらバー」で乾杯《かんぱい》！

アトカラホントスピーカー

きみのこんどのテストはあまりにもひどかった!!
じつは……母《はは》が病気《びょうき》で……。
なに!?お母《かあ》さんが?
夜《よる》も寝《ね》ないで看病《かんびょう》したので、つい勉強《べんきょう》が……………。
それはいかんねえ、おだいじに。
うそばっかり!
スネ夫《お》のママ、ピンピンして、毎日《まいにち》ジョギングしてるよ。
あいつのうそつきにもあきれたもんだ。

南極《なんきょく》の不思議《ふしぎ》Q&A《キューアンドエー》

Q 北極《ほっきょく》の海《うみ》にもダイオウイカがいる。本当《ほんとう》？ ウソ？

A 本当《ほんとう》 ダイオウイカは、実《じつ》は世界中《せかいじゅう》の海《うみ》に広《ひろ》く分布《ぶんぷ》していることがわかってきたよ。

南極《なんきょく》の不思議《ふしぎ》Q&A《キューアンドエー》

Q ホッキョクグマの主《おも》な食《た》べ物《もの》は？ ①アザラシ ②サケ ③キツネ

A ①アザラシ　氷《こおり》の上《うえ》でアザラシを捕《つか》まえて食《た》べるんだ。

南極《なんきょく》の不思議《ふしぎ》Q&A《キューアンドエー》

Q 北極《ほっきょく》にもペンギンはいる。本当《ほんとう》？ ウソ？

A ウソ　野生《やせい》のペンギンが生息《せいそく》しているのは赤《せき》道《どう》付《ふ》近《きん》から南《みなみ》半《はん》球《きゅう》だ。

南極《なんきょく》の不思議《ふしぎ》Q&A《キューアンドエー》

Q 北極《ほっきょく》の海《うみ》は太平洋《たいへいよう》や大西洋《たいせいよう》よりも浅《あさ》い。本当《ほんとう》? ウソ?

A 本当《ほんとう》 北極海《ほっきょくかい》の3分《ぶん》の1は、浅《あさ》い海底《かいてい》が続《つづ》く大陸棚《たいりくだな》なんだ。

もうひとつの極地《きょくち》「北極《ほっきょく》」について知《し》ろう！

南極《なんきょく》と北極《ほっきょく》 寒《さむ》いのはどっち？

ここでは、地球《ちきゅう》にあるもうひとつの極地《きょくち》「北極《ほっきょく》」について知識《ちしき》を深《ふか》めていこう。南極《なんきょく》があれば、当然北極《とうぜんほっきょく》もある。どちらも「寒《さむ》そう」「氷《こおり》が多《おお》そう」といった似《に》たような特徴《とくちょう》を持《も》っているけれど、実《じつ》はさまざまな違《ちが》いがあるんだ。

南極圏《なんきょくけん》には、南極点《なんきょくてん》を中心《ちゅうしん》とした巨大《きょだい》な南極大陸《なんきょくたいりく》がある。しかし上《うえ》の図《ず》を見《み》てもらえばわかる通《とお》り、北極圏《ほっきょくけん》（北緯《ほくい》66度《ど》33分《ふん》39秒《びょう》より北《きた》）の場合《ばあい》、周囲《しゅうい》の一部《いちぶ》にしか大陸《たいりく》は存在《そんざい》せず、北極点付近《ほっきょくてんふきん》はほとんどが海《うみ》だ。

南極《なんきょく》の大部分《だいぶぶん》を占《し》め

イラスト／加藤貴夫

▶北極《ほっきょく》は南極《なんきょく》と違《ちが》い、極点付近《きょくてんふきん》に陸地《りくち》がない。また周囲《しゅうい》には複数《ふくすう》の国《くに》がある。

南極《なんきょく》と北極《ほっきょく》の違《ちが》い

	南極《なんきょく》	北極《ほっきょく》
陸《りく》か海《うみ》か	ほとんどが大陸《たいりく》	島《しま》と一部《いちぶ》の大陸以外《たいりくいがい》は ほとんどが海《うみ》
高度《こうど》	平均約《へいきんやく》2500m （最高《さいこう》4800m）	数《すう》m程度《ていど》
年間平均気温《ねんかんへいきんきおん》	およそ−50℃（南極点《なんきょくてん》）	およそ−18℃（北極点《ほっきょくてん》）
生《い》き物《もの》	とても少《すく》ない	種類《しゅるい》も生息数《せいそくすう》も多《おお》い
人類《じんるい》の活動《かつどう》	およそ200年前《ねんまえ》から	およそ4万《まん》5000年前《ねんまえ》から
人口《じんこう》	およそ1000人《にん》 （観測者《かんそくしゃ》のみ）	およそ400万人《まんにん》 （先住民《せんじゅうみん》あり）
領有権《りょうゆうけん》	どこの国《くに》にも 属《ぞく》していない	どこかの国《くに》に属《ぞく》している
資源開発《しげんかいはつ》	されていない	活発《かっぱつ》にされている

イラスト／加藤貴夫

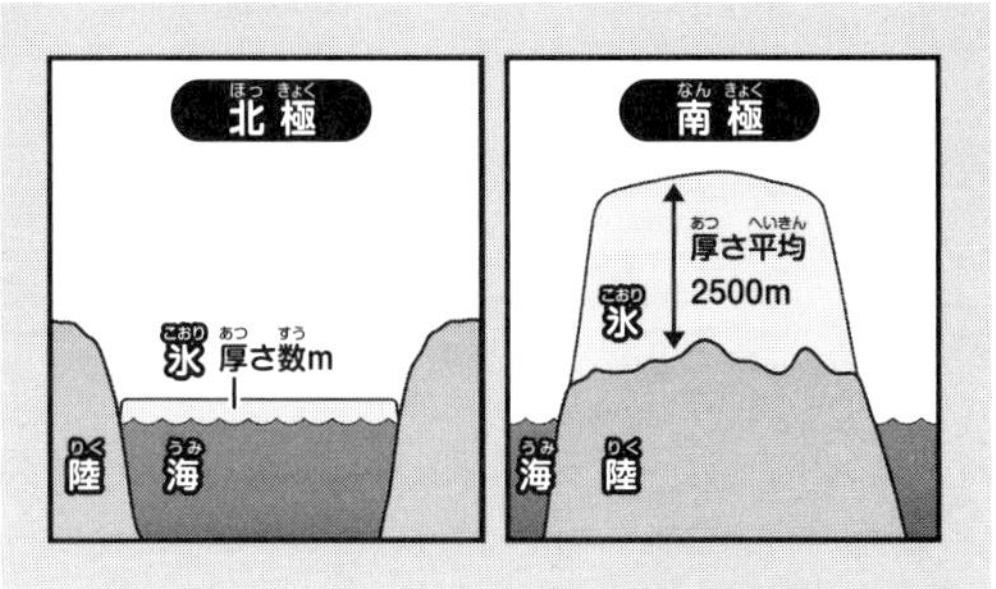

る陸地《りくち》の上《うえ》には氷床《ひょうしょう》が乗《の》っているが、北極《ほっきょく》のほとんどは海《うみ》の上《うえ》に海氷《かいひょう》が浮《う》かんでいる。さらに、南《なん》極《きょく》の氷床《ひょうしょう》は最大《さいだい》4800mの高《たか》さまで積《つ》み上《あ》がっているが、北極《ほっきょく》の海氷《かいひょう》はわずか数《すう》m程度《ていど》の厚《あつ》さしかなく、夏《なつ》にはその一部《いちぶ》が溶《と》けてしまう。

このように、南極大陸《なんきょくたいりく》は標高《ひょうこう》が高《たか》く、比較的暖《ひかくてきあたた》かい海《うみ》からの距離《きょり》も遠《とお》いため、北極《ほっきょく》より寒《さむ》い。南《なん》極点《きょくてん》の年平均気温《ねんへいきんきおん》はおよそマイナス50℃《ど》であるのに対《たい》して、北極点付近《ほっきょくてんふきん》ではおよそマイナス18℃《ど》なんだ。

ほかにも住《す》んでいる人《ひと》や動物《どうぶつ》の数《かず》、領有権争《りょうゆうけんあらそ》い（場所《ばしょ》の取《と》り合《あ》い）、資源開発《しげんかいはつ》など、南極《なんきょく》と北極《ほっきょく》ではいくつもの違《ちが》いがあるんだ。南極《なんきょく》と北極《ほっきょく》では何《なに》が似《に》ていて何《なに》が異《こと》なっているのか。そういった比較《ひかく》をすることで、南極《なんきょく》への理解《りかい》もより深《ふか》まるよ。

北極《ほっきょく》の氷《こおり》はどのように作《つく》られるの？

前《ぜん》ページの地図《ちず》を見《み》てもらえればわかる通《とお》り、北極《ほっきょく》の海《うみ》は大陸《たいりく》に囲《かこ》まれている。そのため海氷《かいひょう》のほとんどは北《ほっ》極海《きょくかい》の中《なか》に閉《と》じ込《こ》められており、グリーンランドの東《ひがし》にあるフラム海峡《かいきょう》から一部《いちぶ》の海氷《かいひょう》が大西洋《たいせいよう》に流《なが》れ出《だ》す程《てい》度《ど》だ。船《ふね》で移動《いどう》するためには、もちろん南極《なんきょく》と同様《どうよう》「砕氷《さいひょう》船《せん》」が必要《ひつよう》になる。

北極海《ほっきょくかい》はそんな「氷《こおり》の海《うみ》」ではあるものの、海底《かいてい》には火《か》山《ざん》があり、噴火《ふんか》して島《しま》ができることもある。アイスランドもそのひとつだ。

とはいえ、やはり大気《たいき》の温《おん》度《ど》は低《ひく》いため、南極《なんきょく》と同《おな》じように空気中《くうきちゅう》の水蒸気《すいじょうき》が凍《こお》って結晶化《けっしょうか》することもある。これをフロストフラワーと呼《よ》んでおり、気温《きおん》はマイナス15℃《ど》以《い》下《か》で、風《かぜ》がなく雪《ゆき》も降《ふ》っていないといった条件《じょうけん》が整《ととの》っていないと、結晶《けっしょう》はできないんだ。

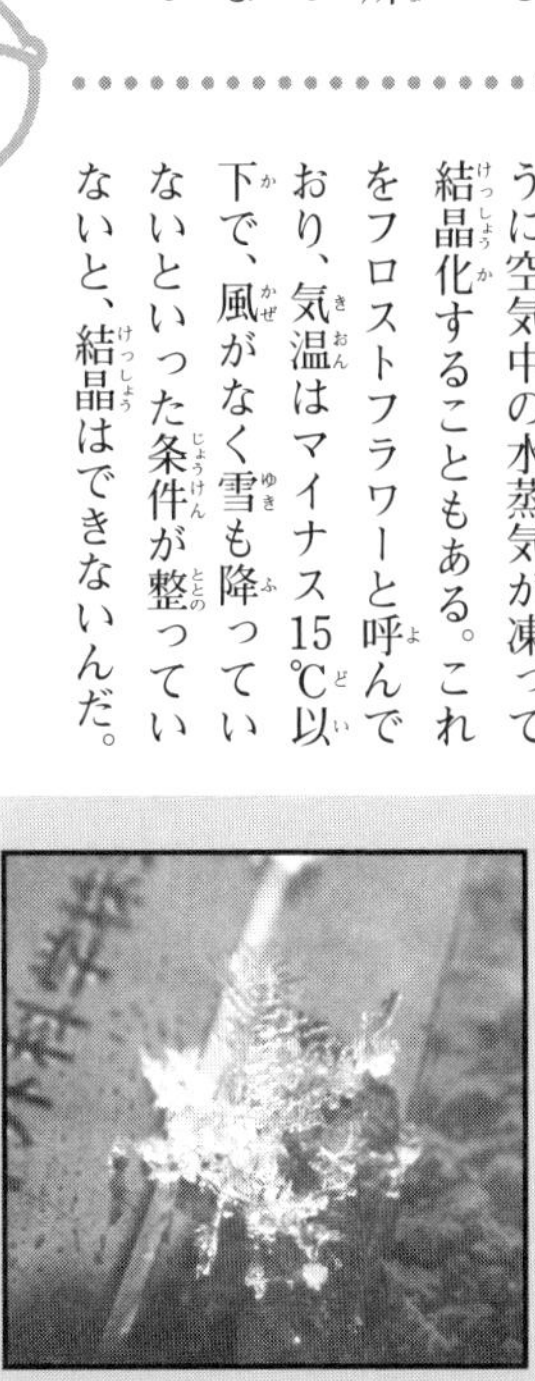

◀北極《ほっきょく》で採取《さいしゅ》されたフロストフラワー。

画像提供／北海道大学低温科学研究所　的場澄人

北極《ほっきょく》には、南極《なんきょく》より多《おお》くの生《い》き物《もの》がいる!?

北極《ほっきょく》の動物《どうぶつ》たちが持《も》つすごい能力《のうりょく》とは?

北極《ほっきょく》と南極《なんきょく》では、どちらのほうが、より多《おお》くの動物《どうぶつ》や植物《しょくぶつ》が生息《せいそく》しているだろうか。北極点付近《ほっきょくてんふきん》は海《うみ》と海氷《かいひょう》だが北極圏《ほっきょくけん》の周辺《しゅうへん》には多《おお》くの大陸《たいりく》があり、それぞれ緯度《いど》の低《ひく》い地域《ちいき》と陸地《りくち》でつながっている。そして北極《ほっきょく》は南極《なんきょく》よりも気温《きおん》が高《たか》い。こういった地理的《ちりてき》・気候的《きこうてき》な条件《じょうけん》からもわかる通《とお》り、北極《ほっきょく》のほうがより多《おお》くの生《い》き物《もの》がいるんだ。では、まずは北極《ほっきょく》の代表的《だいひょうてき》な動物《どうぶつ》から見《み》ていこう。

北極《ほっきょく》の動物《どうぶつ》といえば、まず思《おも》い浮《う》かぶのがホッキョクグマ。その体《からだ》の色《いろ》からシロクマと呼《よ》ばれることもある。かわいらしいイラストとして描《えが》かれることもあるが、実《じつ》は地球最大《ちきゅうさいだい》の肉食獣《にくしょくじゅう》で、オスの場合《ばあい》、体重《たいじゅう》は300～800kg、体長《たいちょう》は3mにもなる。そしてなんと、時速《じそく》40kmで走《はし》ることができるんだ。当然《とうぜん》、北極《ほっきょく》の食物連鎖《しょくもつれんさ》の最上位《さいじょうい》に君臨《くんりん》している。

他《ほか》にも、サンタクロースでおなじみのトナカイや、くちばしと足《あし》が鮮《あざ》やかなオレンジ色《いろ》をしているパフィン（ニシツノメドリ）、まんがにも登場《とうじょう》したホッキョクオオカミ、海《うみ》のユニコーンとも呼《よ》ばれているイッカクなど、北極《ほっきょく》には特徴的《とくちょうてき》な動物《どうぶつ》が多《おお》い。

なお、南極《なんきょく》は条約《じょうやく》によって動物《どうぶつ》の持《も》ち込《こ》みが禁止《きんし》されているが、北極《ほっきょく》にはそういった決《き》まりはなく、先住民《せんじゅうみん》は昔《むかし》から積極的《せっきょくてき》に動物《どうぶつ》を活用《かつよう》しているんだ。

画像提供／国立極地研究所

▼イッカクは小型《こがた》のクジラ。昔《むかし》は病気《びょうき》を治《なお》す不思議《ふしぎ》な力《ちから》があると考《かんが》えられていた。

イラスト／加藤貴夫

北極《ほっきょく》で見《み》られる植物《しょくぶつ》の特徴《とくちょう》とは？

続《つづ》いて植物《しょくぶつ》について見《み》ていこう。北極周辺《ほっきょくしゅうへん》の比較的《ひかくてき》気《き》温《おん》が高《たか》い地域《ちいき》では、主《おも》に葉《は》が針《はり》のような形《かたち》をした針葉樹《しんようじゅ》が生《は》えており、その林《はやし》のことをタイガ（北方針葉樹林《ほっぽうしんようじゅりん》）と呼《よ》んでいる。また、それより北《きた》の寒《さむ》い地域《ちいき》では、ほぼ一年《いちねん》中土地《じゅうとち》が凍《こお》っており、短《みじか》い夏《なつ》の間《あいだ》だけ、表面付近《ひょうめんふきん》のみが溶《と》けてコケ植物《しょくぶつ》などが生息《せいそく》する。こういった地域《ちいき》のことをツンドラという。

寒《さむ》さの厳《きび》しい環境《かんきょう》ではあるけれど、北極《ほっきょく》にはおよそ900種類《しゅるい》もの植物《しょくぶつ》が生息《せいそく》しており、その3分《ぶん》の2は他《ほか》では見《み》られない種類《しゅるい》だ。

北極《ほっきょく》の代表的《だいひょうてき》な植物《しょくぶつ》のひとつがチョウノスケソウ。日本人《にほんじん》の須川長之助《すがわちょうのすけ》さんが初《はじ》めて採取《さいしゅ》したため、このような名前《なまえ》がつけられた。

▲ツンドラ。夏《なつ》の間《あいだ》だけ氷《こおり》が溶《と》けて植物《しょくぶつ》が育《そだ》つ。

▲タイガ。幹《みき》が真《ま》っ直《す》ぐに伸《の》びるのが特徴《とくちょう》。

画像提供／国立極地研究所

花《はな》が枯《か》れた後《あと》は、タンポポのような綿毛《わたげ》ができ、種《たね》が風《かぜ》で飛《と》ばされていくのが特徴《とくちょう》だ。

マルバギシギシ（ジンヨウスイバ）はビタミンC《シー》が豊富《ほうふ》に含《ふく》まれており、北極《ほっきょく》では、ビタミンC《シー》不足《ぶそく》が原因《げんいん》で発病《はつびょう》する壊血病《かいけつびょう》の治療《ちりょう》に使《つか》われることもある。

他《ほか》にも北極《ほっきょく》にはどんな植物《しょくぶつ》が生息《せいそく》するのか、調《しら》べてみよう。

▼マルバギシギシ。ビタミンC《シー》が豊富《ほうふ》。

▼チョウノスケソウ。花《はな》びらは白《しろ》い。

画像提供／国立極地研究所

特別《とくべつ》コラム　なぜ地図《ちず》は北極《ほっきょく》が上《うえ》？

通常《つうじょう》、地図《ちず》を描《えが》くときは上《うえ》が北《きた》で下《した》が南《みなみ》だ。これはギリシャ時代《じだい》に「熊座《くまざ》がある方向《ほうこう》を北《きた》」「その逆《ぎゃく》を南《みなみ》」と呼《よ》び、ギリシャの人《ひと》たちが住《す》む北半球《きたはんきゅう》を上《うえ》に描《えが》くようになったのが起源《きげん》だと考《かんが》えられている。しかし、オーストラリアでは、南《みなみ》が上《うえ》になっている地図《ちず》もお土産品《みやげひん》として売《う》られているよ。

イラスト／加藤貴夫

こんなところにもあった、南極《なんきょく》と北極《ほっきょく》の違《ちが》い

グリーンランドってどんなところ?

北極《ほっきょく》にある代表的《だいひょうてき》な地域《ちいき》のひとつがグリーンランドだ。面積《めんせき》は217万km²と北海道《ほっかいどう》の26倍《ばい》もあり、世界最大《せかいさいだい》の島《しま》として知《し》られている。そして158ページの地図《ちず》を見《み》てもらえばわかる通《とお》り、その大部分《だいぶぶん》が北極圏内《ほっきょくけんない》に入《はい》っている。

グリーンランドは80%以上《いじょう》の地域《ちいき》が氷床《ひょうしょう》におおわれており、氷《こおり》の高《たか》さが3000mに達《たっ》するところもある。ただし、それでも南極《なんきょく》の氷《こおり》と比《くら》べれば規模《きぼ》が小《ちい》さく、地球《ちきゅう》が温《おん》暖化《だんか》したときに溶《と》けてしまいやすい。陸地《りくち》にある氷《こおり》が溶《と》けると、海面上昇《かいめんじょうしょう》を引《ひ》き起《お》こすことになるため、私《わたし》たちはそれを防《ふせ》ぐ方法《ほうほう》、つまり地球温暖化《ちきゅうおんだんか》を止《と》めることを考《かんが》えなければならないんだ。

画像提供／国立極地研究所

▲グリーンランドの海岸付近《かいがんふきん》を上空《じょうくう》から撮影《さつえい》した写真《しゃしん》。

最初《さいしょ》にグリーンランドが発見《はっけん》されたのは982年《ねん》。当《とう》時《じ》は比較的暖《ひかくてきあたた》かい気候《きこう》が続《つづ》いたため、沿岸部《えんがんぶ》は緑《みどり》におおわれており、発見者《はっけんしゃ》のエリック・ザ・レッドが「緑《みどり》の国《くに》」という意味《いみ》でグリーンランドと名付《なづ》けたといわれている。現在《げんざい》はおよそ5万《まん》6000人《にん》がグリーンランドに住《す》んでおり、その83%はイヌイット系《けい》だ。

なお、北極圏内《ほっきょくけんない》にあるアイスランドはグリーンランドよりも温暖《おんだん》な気候《きこう》だが「氷《こおり》の国《くに》」と名付《なづ》けられている。それは、この島《しま》が発見《はっけん》された865年《ねん》は寒冷期《かんれいき》で、厚《あつ》い氷《こおり》におおわれていたからなんだ。このときはノルウェー人《じん》がアイスランドへの移住《いじゅう》を試《こころ》みたものの、あまりの寒《さむ》さで一度撤退《いちどてったい》し、10年後《ねんご》に改《あらた》めて移《うつ》り住《す》むことに成功《せいこう》した。

今《いま》の気候《きこう》や植物《しょくぶつ》の生息状況《せいそくじょうきょう》を考《かんが》えると、グリーンランドを「氷《こおり》の国《くに》」、アイスランドを「緑《みどり》の国《くに》」としたほうがピッタリくるのかもしれないね。

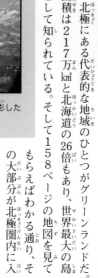

北極《ほっきょく》の環境変化《かんきょうへんか》について知《し》ろう!

それでは、ここからは北極《ほっきょく》の環境変化《かんきょうへんか》について見ていこう。まずは温暖化《おんだんか》と氷《こおり》について。北極付近《ほっきょくふきん》では地球全《ちきゅうぜん》体《たい》の平均《へいきん》と比《くら》べて、およそ2倍《ばい》のスピードで温暖化《おんだんか》が進《すす》んでおり、過去《かこ》35年間《ねんかん》で夏《なつ》の時期《じき》の海氷面積《かいひょうめんせき》は3分《ぶん》の2にまで減《へ》ってしまっているんだ。

左《ひだり》の図《ず》は、2005年《ねん》から2007年《ねん》にかけてグリーンランド付近《ふきん》の海氷《かいひょう》がどれくらい減少《げんしょう》したのかを表《あらわ》している。さまざまな観測《かんそく》データに基《もと》づく研究《けんきゅう》によると、今《こん》後《ご》も北極海《ほっきょくかい》の氷《こおり》は減《へ》り続《つづ》けていくと予想《よそう》されている。

イラスト／加藤貴夫

▲2020年《ねん》の海氷分布《かいひょうぶんぷ》（白《しろ》い部分《ぶぶん》）。2005年《ねん》は太線部分《ふとせんぶぶん》まで氷《こおり》があった。

一方《いっぽう》、南極《なんきょく》の海氷《かいひょう》は少《すこ》しずつ増加《ぞうか》している。また、北極《ほっきょく》でも地域《ちいき》によっては海《かい》氷面積《ひょうめんせき》がほとんど減《へ》っていないところもある。そのため地球温暖化《ちきゅうおんだんか》と海氷面積《かいひょうめんせき》の減少《げんしょう》の関係《かんけい》については、さらに研《けん》究《きゅう》が必要《ひつよう》なんだ。

また、氷《こおり》が溶《と》けてもいいということではないが、もし氷《こおり》が減少《げんしょう》すれば、北極《ほっきょく》海《かい》の資源《しげん》を開発《かいはつ》しやすくなる、船《ふね》が通《とお》りやすくなるというメリットもある。

ただし、温暖化《おんだんか》自体《じたい》に問題《もんだい》がないわけではなく、北極《ほっきょく》域《いき》の急激《きゅうげき》な温暖化《おんだんか》が、大気《たいき》の循環《じゅんかん》を通《つう》じて、地球全体《ちきゅうぜんたい》に大《おお》きな環境変化《かんきょうへんか》をもたらす可能性《かのうせい》もある。

また、以前《いぜん》は南極上空《なんきょくじょうくう》と比《くら》べて気温《きおん》が高《たか》い北極上空《ほっきょくじょうくう》では、オゾン層《そう》は破壊《はかい》されないと考《かんが》えられていたが、近年《きんねん》は小規模《しょうきぼ》のオゾンホールが発見《はっけん》されている。

地球《ちきゅう》の環境変化《かんきょうへんか》を引《ひ》き起《お》こさないよう、私《わたし》たちの生活《せいかつ》にも工夫《くふう》が求《もと》められていると考《かんが》えるべきだろう。

特別《とくべつ》コラム

実験《じっけん》してみよう!

北極海《ほっきょくかい》の氷《こおり》が溶《と》けると、海面《かいめん》は上昇《じょうしょう》する?

陸地《りくち》の氷《こおり》が溶《と》けると海面《かいめん》が上昇《じょうしょう》してしまうが、海《うみ》に浮《う》かんだ氷《こおり》の場合《ばあい》はどうだろう。コップと氷《こおり》と水《みず》があれば、簡単《かんたん》に実験《じっけん》することができるぞ。「氷《こおり》が水《みず》に浮《う》かんでいる状態《じょうたい》」と「氷《こおり》がコップの底《そこ》まで詰《つ》まっていて高《たか》く積《つ》み上《あ》がった状態《じょうたい》」で、それぞれ確《たし》かめてみよう。北極《ほっきょく》では氷《こおり》は浮《う》いているよ!

イラスト／加藤貴夫

サンタメール

なにこれ？
たのしい算数
たのしい社会
たのしい理科
たのしい国語
クリスマスプレゼントだよ。ためになる本《ほん》だ。くりかえし読《よ》みなさい。
ぼくはラジコンがほしかったのに……。
それにクリスマスは明日《あした》だよ。
今夜《こんや》から友《とも》だちの家《いえ》で徹夜《てつや》のマージャン大会《たいかい》があるんだ。
夢《ゆめ》のない世《よ》の中《なか》になったなあ。
ほんと。
もっと小《ちい》さかったころは楽《たの》しかったなあ。
そうそう、サンタの来《く》るまで寝《ね》ないなんてがんばって。
けっきょく待《ま》ちくたびれて眠《ねむ》っちゃって……。
目《め》がさめるとまくらもとにプレゼントがあるんだ。
あんな楽《たの》しい思《おも》いは、もう二度《ど》とあじわえないのだな……。

南極《なんきょく》の不《ふ》思《し》議《ぎ》Q&A《キューアンドエー》

Q 北極《ほっきょく》の氷山《ひょうざん》が主《おも》に作《つく》られている場所《ばしょ》はどこ?

①アラスカ ②ロシア ③グリーンランド

いや、そうでもないよ。
「サンタメール」
郵便はがき
北極点0番地
サンタクロースさま
住所《じゅうしょ》氏名《しめい》、年齢《ねんれい》と希望《きぼう》するプレゼントをかいてポストに入《い》れると、イブの夜《よる》サンタがとどけに来《き》てくれる。
またまた。
いくらぼくでも、そんなうまい話《はなし》信《しん》じるほど子《こ》どもじゃない。
ヒラ
ああそう!
べつに無理《むり》に信《しん》じてもらわなくてもいいんだよ。
…………。
だめでもともとだもんな。
ラジコンのスーパーカーを
キョロ
キョロ
コトン

A ③グリーンランド　北極《ほっきょく》の氷山《ひょうざん》は主《おも》にグリーンランドから流《なが》れ出《だ》している。

南極《なんきょく》の不思議《ふしぎ》Q&A《キューアンドエー》

Q 水《みず》が凍《こお》るのは0℃。では海水《かいすい》が凍《こお》るのは？

①1・8℃　②0℃　③マイナス1・8℃

A ③マイナス1・8℃ 塩分《えんぶん》が含《ふく》まれた水《みず》は、凍《こお》る温度《おんど》が少《すこ》し低《ひく》くなるよ。

南極《なんきょく》の不思議《ふしぎ》Q&A《キューアンドエー》

Q 北極海《ほっきょくかい》に浮《う》かんでいる海氷《かいひょう》は、雪《ゆき》が積《つ》もってできたもの。本当《ほんとう》? ウソ?

A ウソ　水中《すいちゅう》で作《つく》られた薄《うす》い氷《こおり》が海面《かいめん》に浮《う》かび、周《まわ》りの海水《かいすい》が次々《つぎつぎ》と凍《こお》っていき海氷《かいひょう》になる。

南極《なんきょく》の不思議《ふしぎ》Q&A《キューアンドエー》

Q 角《つの》を持《も》つクジラ「イッカク」。昔《むかし》、エリザベス女王《じょおう》が捕獲《ほかく》のため支払《しはら》った金額《きんがく》は？

①百《ひゃく》ポンド ②千《せん》ポンド ③一万《いちまん》ポンド

A ③ 一万《いちまん》ポンド　日本円《にほんえん》にすると百万円《ひゃくまんえん》以上《いじょう》にもなる。

Q 永久凍土《えいきゅうとうど》が広《ひろ》がるツンドラ地帯《ちたい》には、ほとんど動物《どうぶつ》はいない。本当《ほんとう》? ウソ?

A ウソ　夏《なつ》には永久凍土《えいきゅうとうど》の表面《ひょうめん》が溶《と》けて植物《しょくぶつ》が生《は》える。するとそれを食《た》べる草食動物《そうしょくどうぶつ》や、草食動物《そうしょくどうぶつ》を食《た》べる肉食動物《にくしょくどうぶつ》もやってくるんだ。

南極《なんきょく》の不思議《ふしぎ》Q&A《キューアンドエー》

Q イヌイットのイグルー(雪《ゆき》の家《いえ》)とかまくらは、同《おな》じ作《つく》り方《かた》。本当《ほんとう》? ウソ?

A ウソ　イグルーは雪《ゆき》のブロックを積《つ》み重《かさ》ねていく。かまくらは小《ちい》さな雪山《ゆきやま》を作《つく》って中《なか》を掘《ほ》る。

南極《なんきょく》の不思議《ふしぎ》Q&A《キューアンドエー》

Q サンタクロースの家《いえ》があるとされているのは、どこの国《くに》?

①ノルウェー ②スウェーデン ③フィンランド

子《こ》どもたちは待《ま》ちかねているだろうね。
まずこの家《いえ》から。
えんとつがないけど、
どうやって入《はい》る？
「とおりぬけフープ」
スポ

A ③フィンランド　1927年《ねん》にフィンランドの国営放送局《こくえいほうそうきょく》が「コルヴァトゥントゥリ」という山《やま》がサンタクロースの正式《せいしき》な住居《じゅうきょ》と宣言《せんげん》している。

南極《なんきょく》の不思議《ふしぎ》Q&A《キューアンドエー》

Q トナカイはオスもメスも角《つの》を持《も》つ。本当《ほんとう》？ ウソ？

A 本当《ほんとう》 シカ科《か》の中《なか》で、トナカイだけがメスも角《つの》を持《も》つ。

南極《なんきょく》の不思議《ふしぎ》Q&A《キューアンドエー》

Q 北極《ほっきょく》では、流《なが》される海氷《かいひょう》の上《うえ》で気象観測《きしょうかんそく》や水深調査《すいしんちょうさ》を行《おこな》うこともある。本当《ほんとう》？ ウソ？

A 本当《ほんとう》 北極点付近《ほっきょくてんふきん》は陸地《りくち》がないため、海氷《かいひょう》の上《うえ》の「漂流《ひょうりゅう》ステーション」で研究《けんきゅう》することもある。

うちのパパ、こんないい時計《とけい》買《か》ってくれたわ。
おれんちもよ。
おやじ無理《むり》したな。
子《こ》どもでこんないいカメラもってる者《もの》、いないと思《おも》うよ。
サンタクロースがくれたんだろ。
そういえばおかしな夢《ゆめ》を見《み》たわ。
ぼくも！いやに恩《おん》きせがましいサンタ。
のび太《た》そっくりのサンタ。
夢《ゆめ》のない世《よ》の中《なか》になったなあ。

北極《ほっきょく》は、昔《むかし》から人《ひと》と密接《みっせつ》な関《かか》わりがあった！

先住民《せんじゅうみん》の暮《く》らしは変化《へんか》している？

南極《なんきょく》には元々《もともと》人《ひと》が住《す》んでおらず、今《いま》でも研究《けんきゅう》や探検《たんけん》などのために一時的《いちじてき》に居住《きょじゅう》しているだけだ。一方《いっぽう》、北極《ほっきょく》では10以上《いじょう》の民族《みんぞく》が昔《むかし》から暮《く》らしている。

その中《なか》でも特《とく》に有名《ゆうめい》なのはイヌイットで、カリブーやクジラ、アザラシなどを狩《か》って生活《せいかつ》してきた。これらは食《た》べるだけでなく、極地《きょくち》で暮《く》らすために、脂肪《しぼう》を燃料《ねんりょう》にする、毛皮《けがわ》を服《ふく》にするなど、むだなく活用《かつよう》するんだ。

南極《なんきょく》ではアザラシもペンギンもあまり人《ひと》をおそれないが、北極《ほっきょく》では捕《つか》まえられることを知《し》っているため、人《ひと》を見《み》たら逃《に》げる。南極《なんきょく》と北極《ほっきょく》では人《ひと》と動物《どうぶつ》の関係《かんけい》にも違《ちが》いがあるんだね。

そんな北極《ほっきょく》の先住民《せんじゅうみん》の暮《く》らしも、現在《げんざい》はかなり変化《へんか》してきた。多《おお》くの人《ひと》が都市《とし》に移《うつ》り住《す》み、狩《か》りに使《し》用《よう》してきた犬《いぬ》ぞりやモリは、スノーモービルとライフルになった。また、イグルーと呼《よ》ばれる雪《ゆき》で作《つく》られた伝統的《でんとうてき》な住居《じゅうきょ》も、現在《げんざい》は狩猟時期《しゅりょうじき》のみ使《つか》われている。

画像提供／Ansgar Walk

▲スノーモービルとライフルを使《つか》って狩猟《しゅりょう》を行《おこな》うカナダのイヌイット。

▼雪《ゆき》で作《つく》られた住居《じゅうきょ》「イグルー」。

画像提供／Ansgar Walk

特別《とくべつ》コラム　サンタクロースは実在《じつざい》する？

北極《ほっきょく》に関《かん》する話《はなし》として切《き》っても切《き》れないのがサンタクロースだ。4世紀《せいき》、現在《げんざい》のトルコにさまざまな奇跡《きせき》を起《お》こす人《ひと》がいて、貧《まず》しい家《いえ》の煙突《えんとつ》に金貨《きんか》を投《な》げ入《い》れたという伝説《でんせつ》がある。これがサンタクロースの起源《きげん》。

でも、1927年《ねん》にこの話《はなし》がアメリカに伝《つた》わったとき、故郷《こきょう》は北極《ほっきょく》だとされたため、今《いま》でもアメリカ人《じん》はサンタクロースといえば北極《ほっきょく》を連想《れんそう》するそうだよ。

北極《ほっきょく》も、仲良《なかよ》くみんなで活用《かつよう》したい！

南極《なんきょく》はみんなのもの。では、北極《ほっきょく》は？

南極《なんきょく》は「南極条約《なんきょくじょうやく》」によってどの国《くに》も領土《りょうど》を主張《しゅちょう》しないことが決《き》められているが、北極《ほっきょく》はどうだろう。「北極評議会《ほっきょくひょうぎかい》」と呼《よ》ばれるものはあるが、そこでは環境保護《かんきょうほご》などを扱《あつか》うだけで、領土問題《どもんだい》のルールは特《とく》につくられていない。そもそも北極《ほっきょく》の大部分《だいぶぶん》は陸地《りくち》ではなく「海《うみ》」であるため、国連海洋法条約《こくれんかいようほうじょうやく》など、すでにある海《うみ》のルールが適用《てきよう》されることになっているんだ。

イラスト／加藤貴夫

上《うえ》の地図《ちず》を見《み》ての通《とお》り、北極海沿岸《ほっきょくかいえんがん》にはアメリカ（アラスカ）・カナダ・ロシア・デンマーク（グリーンランド）・ノルウェーの5か国《こく》がある。そして、これにフィンランド・アイスランド・スウェーデンも含《ふく》めた8か国《こく》を「北極圏国《ほっきょくけんこく》」と呼《よ》んでいる。それぞれの国《くに》が領土《りょうど》や領海《りょうかい》を持《も》っており、特《とく》に冷戦時代《れいせんじだい》、北極《ほっきょく》はアメリカとロシア（旧《きゅう》ソビエト）がお互《たが》いににらみ合《あ》う場所《ばしょ》だった。また、2007年《ねん》にはロシアが北極点付近《ほっきょくてんふきん》の海底《かいてい》に国旗《こっき》を設置《せっち》し、自分《じぶん》たちの海《うみ》であることを主張《しゅちょう》したが、国連《こくれん》はこれを認《みと》めていない。

北極圏内《ほっきょくけんない》には、世界中《せかいじゅう》でまだ見《み》つかっていない天然《てんねん》ガスの30%、石油《せきゆ》は13%があると考《かんが》えられており、今後《こんご》も資源《しげん》の取《と》り合《あ》いなどが起《お》きる可能性《かのうせい》がある。

そんな中《なか》、唯一平和的《ゆいいつへいわてき》に利用《りよう》されているのが、ノルウェー領《りょう》のスバールバル諸島《しょとう》だ。第一次世界大戦直後《だいいちじせかいたいせんちょくご》の1920年《ねん》に「スバールバル条約《じょうやく》」が結《むす》ばれ、軍事的《ぐんじてき》な争《あらそ》いをせず、条約加盟国《じょうやくかめいこく》ならどの国《くに》もここで活動《かつどう》できることが定《さだ》められた。今《いま》はこの取《と》り決《き》めに基《もと》づいて、ロシアやノルウェーが石炭《せきたん》を採掘《さいくつ》している。

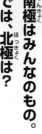

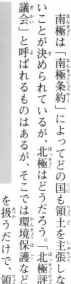

北極《ほっきょく》の研究《けんきゅう》もラクじゃない！

南極《なんきょく》と同《おな》じように、北極《ほっきょく》でもさかんに研究《けんきゅう》が行《おこな》われており、1990年《ねん》には「国際北極科学委員会《こくさいほっきょくかがくいいんかい》（IASC）」が設置《せっち》された。

スバールバル諸島《しょとう》には国際観測村《こくさいかんそくむら》があり、日本《にほん》の北極《ほっきょく》観測基地《かんそくきち》では国立極地研究所《こくりつきょくちけんきゅうじょ》や海洋研究開発機構《かいようけんきゅうかいはつきこう》が、北《ほっ》極《きょく》の観測《かんそく》や調査《ちょうさ》を行《おこな》っている。村《むら》の外《そと》に出《で》るときはホッキョクグマ対策《たいさく》として必《かなら》ずライフルを持《も》っていかないといけないそうだ！　極地《きょくち》で研究《けんきゅう》するときは、寒《さむ》さ対策《たいさく》だけでなく、動物《どうぶつ》から身《み》を守《まも》ることも大切《たいせつ》なんだね。

画像提供／国立極地研究所

▶ニーオルスンにある日本《にほん》の観測基地《かんそくきち》。

北極《ほっきょく》に関《かん》する日本《にほん》の研究所《けんきゅうじょ》

●国立極地研究所《こくりつきょくちけんきゅうじょ》（NIPR）
南極《なんきょく》と北極《ほっきょく》の研究《けんきゅう》における中心的《ちゅうしんてき》な存在《そんざい》。

●海洋研究開発機構《かいようけんきゅうかいはつきこう》（JAMSTEC）
北半球寒冷圏研究《きたはんきゅうかんれいけんけんきゅう》プログラムを実施《じっし》。海《うみ》、雪《ゆき》、氷《こおり》、大気《たいき》を観測《かんそく》。

●宇宙航空研究開発機構《うちゅうこうくうけんきゅうかいはつきこう》（JAXA）
地球観測衛星長期計画《ちきゅうかんそくえいせいちょうきけいかく》に基《もと》づき、北《ほっ》極圏《きょくけん》の海《うみ》と陸《りく》のデータを提供《ていきょう》。

●アラスカ大学国際北極圏研究《だいがくこくさいほっきょくけんけんきゅう》センター（IARC）
日米共同《にちべいきょうどう》で北極《ほっきょく》の気候変動《きこうへんどう》を研究《けんきゅう》。

北極《ほっきょく》は意外《いがい》と楽《たの》しめる？

北極《ほっきょく》は南極《なんきょく》と比《くら》べて日本《にほん》から近《ちか》く、民間《みんかん》の航空機《こうくうき》も利《り》用《よう》できるため、比較的《ひかくてき》行《い》きやすい。２週間《しゅうかん》で北極点《ほっきょくてん》まで行《い》ける旅行《りょこう》プランもある。

また、北極圏内《ほっきょくけんない》の旅行《りょこう》であればさらに複数《ふくすう》のレジャーがあり、例《たと》えばスウェーデンには氷《こおり》と雪《ゆき》で作《つく》られたアイスホテルがあり、マイナス５℃の室内《しつない》で一晩《ひとばん》過《す》ごすことができる。ベッドも氷《こおり》と雪《ゆき》でできているが、トナカイの毛皮《けがわ》と寒冷地用《かんれいちよう》の寝袋《ねぶくろ》は用意《ようい》されているので安心《あんしん》してほしい（笑《わらい》）。

また、アラスカにはなんと温泉《おんせん》があり、夜《よる》になるとオーロラを見《み》ることもできる。他《ほか》にも北極点付近《ほっきょくてんふきん》の海《かい》氷上《ひょうじょう》を走《はし》る北極《ほっきょく》マラソンもあるが、こちらはホッキョクグマ対策《たいさく》として、ライフルを持《も》ったスタッフが欠《か》かせないんだ。

▼アラスカのチナ温泉《おんせん》リゾートでは、露《ろ》天風呂《てんぶろ》に入《はい》りながらオーロラを見《み》られる。

イラスト／佐藤諭

日本人《にほんじん》にとって、北極《ほっきょく》は身近《みぢか》な存在《そんざい》!?

北極《ほっきょく》の出来事《できごと》は、私《わたし》たちの生活《せいかつ》にも関係《かんけい》がある！

北極《ほっきょく》は南極《なんきょく》よりも日本《にほん》に近《ちか》いため、そこでの出来事《できごと》が私《わたし》たちの生活《せいかつ》にも影響《えいきょう》しやすい。

まずは気候《きこう》。北極点《ほっきょくてん》の近《ちか》くで気圧《きあつ》が上《あ》がると、それより少《すこ》し緯度《いど》の低《ひく》い（地図《ちず》でいうと下《した》の）地域《ちいき》では、気圧《きあつ》が下《さ》がる。そして、その反対《はんたい》の現象《げんしょう》も起《お》きる。これを北極振《ほっきょくしん》動《どう》と呼《よ》んでいる。そして、北極付近《ほっきょくふきん》の気圧《きあつ》が低《ひく》いとき、日《に》本《ほん》は暖冬《だんとう》になり、北極付近《ほっきょくふきん》の気圧《きあつ》が高《たか》いときは寒冬《かんとう》になる。

イラスト／加藤貴夫

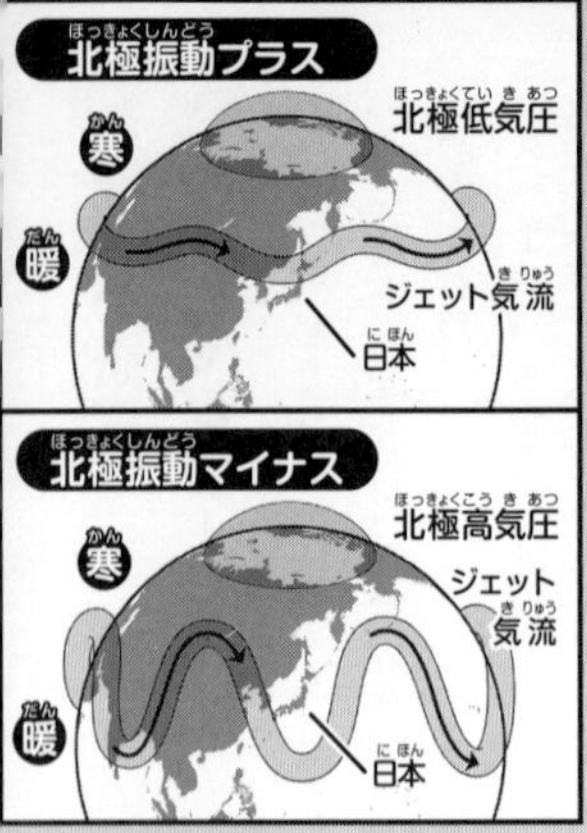

北極振動《ほっきょくしんどう》プラス（北極付近《ほっきょくふきん》とその南《みなみ》の地域《ちいき》の気圧差《きあつさ》が大《おお》きい）のときは日本《にほん》は暖冬《だんとう》、北極振動《ほっきょくしんどう》マイナスのときは記録的《きろくてき》な豪雪《ごうせつ》が発生《はっせい》するような寒冬《かんとう》になる。

また、私《わたし》たちの生活《せいかつ》に関《かか》わっているもうひとつの要素《ようそ》が、北極海《ほっきょくかい》の氷《こおり》だ。たとえば日本《にほん》からオランダまで船《ふね》で荷物《にもつ》を運《はこ》ぶとき、今《いま》はスエズ運河《うんが》を通《とお》るルートを使《つか》っているが、北極海《ほっきょくかい》を通《とお》れば距離《きょり》はおよそ4割削減《わりさくげん》できる。また、スエズ運河経由《うんがけいゆ》の航路《こうろ》は中東情勢《ちゅうとうじょうせい》の影響《えいきょう》を受《う》けやすく、インド洋《よう》やマラッカ海峡《かいきょう》では海賊《かいぞく》が出没《しゅつぼつ》するが、北極海航路《ほっきょくかいこうろ》であれば、そういった心配《しんぱい》はいらない。

ただし、北極海《ほっきょくかい》を通《とお》ることができるのは氷《こおり》が溶《と》けている時期《じき》だけで、航路標識《こうろひょうしき》や海図《かいず》が整備《せいび》されていないという課題《かだい》がある。そのため北極海《ほっきょくかい》を通《とお》る船《ふね》をサポートする目的《もくてき》で、超小型気《ちょうこがたき》象観測衛星《しょうかんそくえいせい》を打《う》ち上《あ》げた企業《きぎょう》もある。

これからも北極《ほっきょく》をどう守《まも》り、どう活用《かつよう》していくのかを、みんなで一緒《いっしょ》に考《かんが》えていこう。

▼スエズ運河《うんが》を通《とお》るよりも、北極海《ほっきょくかい》を通《とお》ったほうが距離《きょり》は短《みじか》くなる。

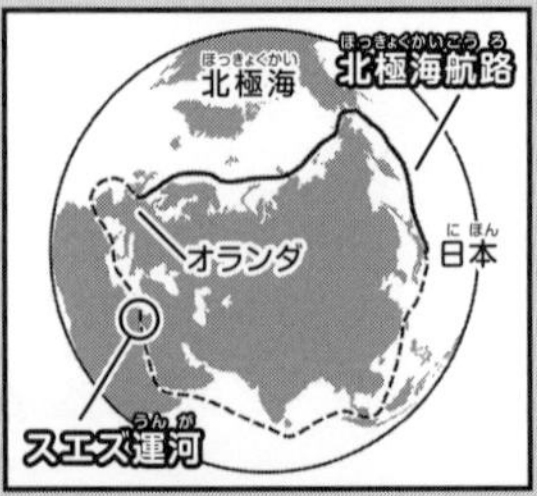

イラスト／加藤貴夫

地底《ちてい》の国《くに》探検《たんけん》

南極《なんきょく》の不思議《ふしぎ》Q&A《キューアンドエー》

Q 日本《にほん》がドームふじ基地《きち》以来《いらい》となる5か所目《しょめ》の南極《なんきょく》基地《きち》を建設《けんせつ》する計画《けいかく》を進《すす》めている。本当《ほんとう》？　ウソ？

A 本当《ほんとう》　南極大陸《なんきょくたいりく》の沿岸《えんがん》から約《やく》１０００㎞離《はな》れた内陸《ないりく》で氷床《ひょうしょう》を掘削《くっさく》し、地球《ちきゅう》の過去《かこ》の気候変動《きこうへんどう》を調《しら》べるための基地《きち》をつくることが決《き》まったよ。

南極《なんきょく》の不思議《ふしぎ》Q&A《キューアンドエー》

Q 南極《なんきょく》を訪《おとず》れた観光客《かんこうきゃく》がいちばん多《おお》かった年《とし》に上陸《じょうりく》した人数《にんずう》は？

①約《やく》1万人《まんにん》　②約《やく》3万人《まんにん》　③約《やく》5万人《まんにん》

A ②約《やく》3万人《まんにん》 2007~08年《ねん》のシーズンが最《もっと》も多《おお》く、3万《まん》2千人《せんにん》ほどが南極《なんきょく》を観光《かんこう》した。観光客《かんこうきゃく》は21世紀《せいき》に入《はい》ってから急激《きゅうげき》に増加《ぞうか》している。

南極《なんきょく》の不思議《ふしぎ》Q&A《キューアンドエー》

Q ニュージーランドには、少年《しょうねん》・少女《しょうじょ》たちを南極基地《なんきょくきち》に招待《しょうたい》するプログラムがある。本当《ほんとう》？　ウソ？

A 本当《ほんとう》　１９７０年代《ねんだい》から実施《じっし》されているんだって。日本《にほん》でも、子《こ》どもたちが南極《なんきょく》を体験《たいけん》できる機会《きかい》があるといいのにね。

Q 南極《なんきょく》のロス海《かい》に、広《ひろ》さ155万《まん》㎢という世界最大《せかいさいだい》の海洋保護区《かいようほごく》が誕生《たんじょう》する。本当《ほんとう》? ウソ?

A 本当《ほんとう》 2017年《ねん》12月《がつ》から設定《せってい》される新《あら》たな海洋保護区《かいようほご》。その約《やく》7割《わり》の海域《かいいき》で一切《いっさい》の漁業《ぎょぎょう》が禁止《きんし》されることに決《き》まったよ。

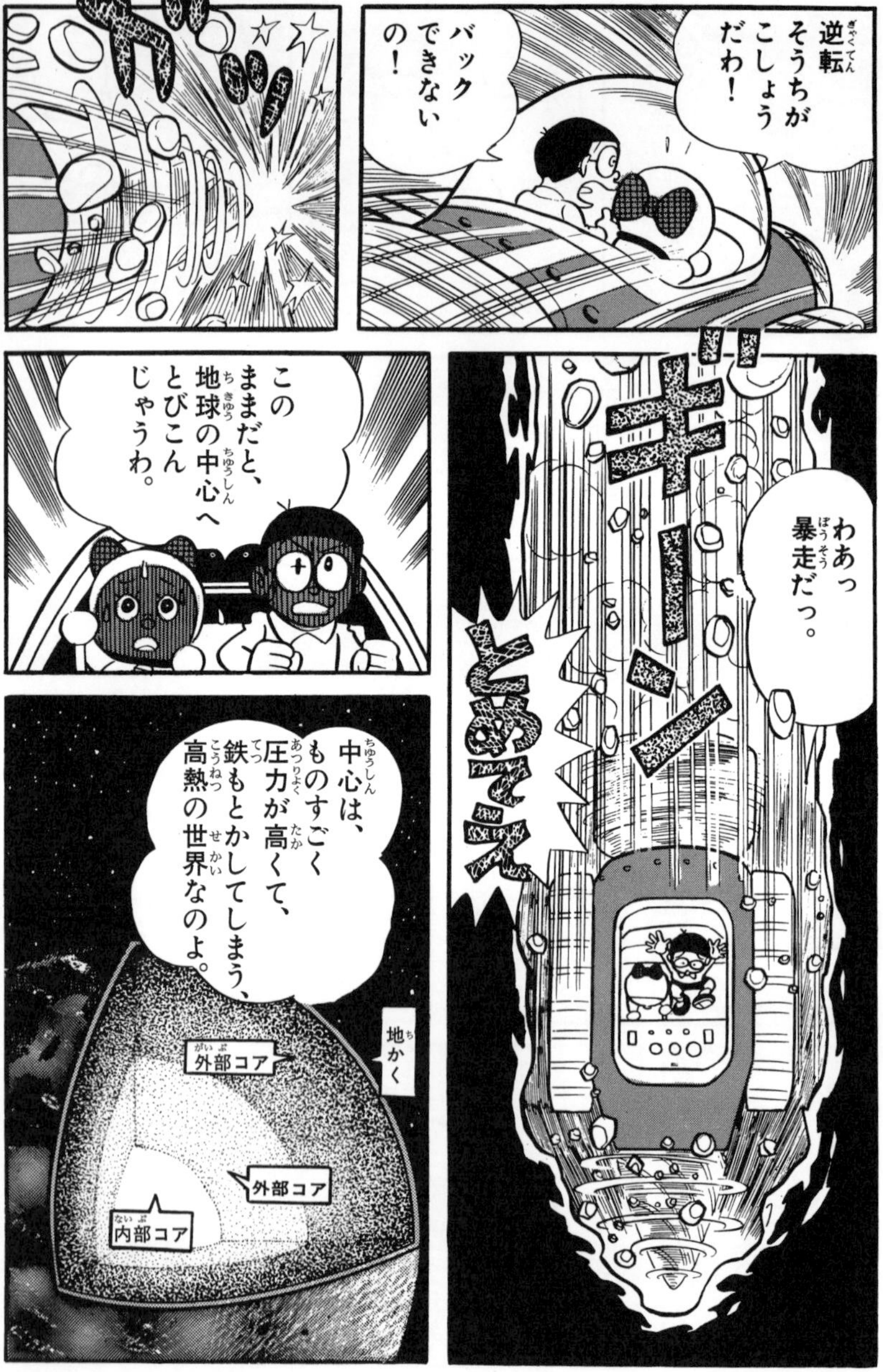
逆転《ぎゃくてん》そうちがこしょうだわ！
バックできないの！
わあっ暴走《ぼうそう》だっ。
このままだと、地球《ちきゅう》の中心《ちゅうしん》へとびこんじゃうわ。
中心《ちゅうしん》は、ものすごく圧力《あつりょく》が高《たか》くて、鉄《てつ》もとかしてしまう、高熱《こうねつ》の世界《せかい》なのよ。
地《ち》かく
外部《がいぶ》コア
外部コア
内部《ないぶ》コア

南極《なんきょく》の不思議《ふしぎ》Q&A《キューアンドエー》

Q 2000年《ねん》に南極《なんきょく》のロス棚氷《たなごおり》から分離《ぶんり》した世界最大《せかいさいだい》の氷山《ひょうざん》は、北海道《ほっかいどう》の面積《めんせき》より広《ひろ》かった。本当《ほんとう》？　ウソ？

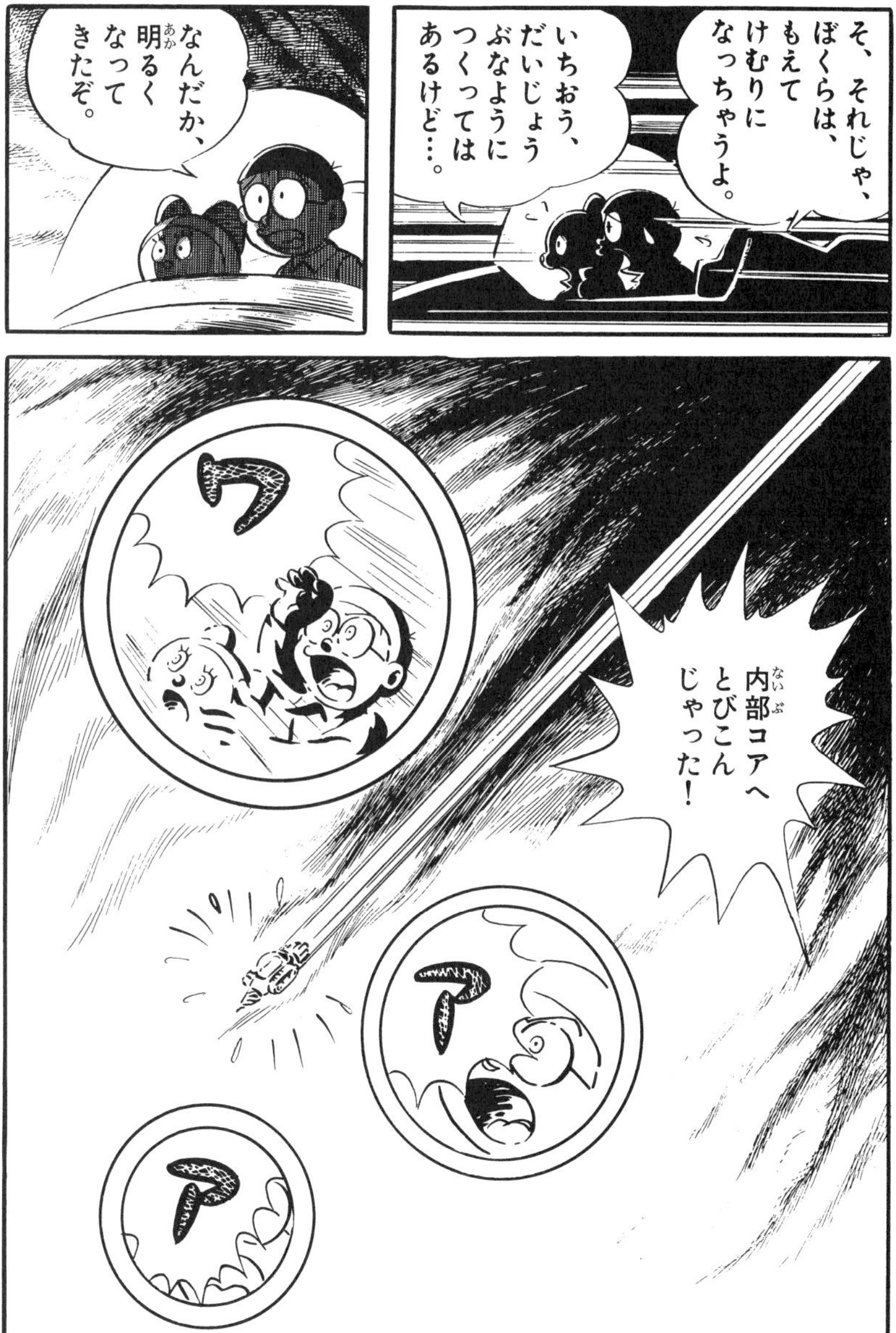

A ウソ　その面積《めんせき》は約《やく》1万《まん》1000㎢。北海道《ほっかいどう》の面積《めんせき》は約《やく》8万《まん》3400㎢だよ。

はっ。
いつのまにか探検車《たんけんしゃ》がとまってる。
くらくて、ひんやりしてる。
ここはどこかしら。ライトをつけてみて。

わあっ、大地底都市《だいちていとし》。

南極《なんきょく》の不思議《ふしぎ》Q&A《キューアンドエー》

Q 南極大陸《なんきょくたいりく》の一部《いちぶ》を自分《じぶん》の国《くに》の領土《りょうど》だと主張《しゅちょう》している国《くに》は何《なん》か国《こく》ある？

①1つもない ②7か国《こく》 ③12か国《こく》

A ②7か国《こく》　イギリス、フランス、オーストラリア、ニュージーランド、チリ、アルゼンチン、ノルウェーが領土権《りょうどけん》を主張《しゅちょう》しているよ。

ほう！

千年前《せんねんまえ》のマヤ族《ぞく》のいせきが、地下《ちか》から発見《はっけん》されたそうだ。

マヤ族《ぞく》って？

むかし、メキシコでりっぱな文明《ぶんめい》をきずいた人種《じんしゅ》だよ。

いけにえなんていう野《や》ばんな習《しゅう》かんも、あったらしいがね。

これがその写真《しゃしん》。

あれ？

じゃあ、ぼくらは地球《ちきゅう》の中心《ちゅうしん》をつきぬけて、うらがわへ…。

探検隊《たんけんたい》が入《い》り口《ぐち》を発見《はっけん》してはいっていったら、二つの人《ひと》かげがにげていったとかいてある。

「あるいは、地底人《ちていじん》ではなかろうか」だって、まさかねははは。

カゼには
エビロート

南極《なんきょく》で進《すす》む環境《かんきょう》の変化《へんか》

昭和基地《しょうわきち》でも増《ふ》え続《つづ》ける大気中《たいきちゅう》の二酸化炭素濃度《にさんかたんそのうど》

二酸化炭素《にさんかたんそ》は、地表《ちひょう》から放出《ほうしゅつ》される赤外線《せきがいせん》を吸収《きゅうしゅう》して地球《ちきゅう》を暖《あたた》める働《はたら》きを持《も》つ温室効果《おんしつこうか》ガスのひとつで、地球《ちきゅう》温暖化《おんだんか》に大《おお》きな影響《えいきょう》を及《およ》ぼしている。産業革命《さんぎょうかくめい》までは、およそ280ppm《ピーピーエム》（1ppm は0・0001％）で安定《あんてい》していた大気中《たいきちゅう》の二酸化炭素濃度《にさんかたんそのうど》は、その後化石燃料《ごかせきねんりょう》の大量消費《たいりょうしょうひ》とともに増加《ぞうか》していった。2013年《ねん》にはハワイの観測所《かんそくじょ》をはじめ各地《かくち》で400ppm《ピーピーエム》を超《こ》えたことが確認《かくにん》され、地球温暖化《ちきゅうおんだんか》のさらなる進行《しんこう》が心配《しんぱい》されている。

画像提供／三浦英樹

▲昭和基地《しょうわきち》の観測棟《かんそくとう》で大気《たいき》の二酸化炭《にさんかたん》素濃度《そのうど》を調《しら》べる越冬隊員《えっとうたいいん》。

昭和基地《しょうわきち》では1984年《ねん》から大気中《たいきちゅう》の二酸《にさん》化炭素濃度《かたんそのうど》の観測《かんそく》を続《つづ》けているが、開発《かいはつ》が進《すす》む北半球《きたはんきゅう》から遠《とお》く離《はな》れた南極《なんきょく》は、これまで濃《のう》度《ど》はやや低《ひく》かった。ところが2016年《ねん》5月《がつ》、昭和基地《しょうわきち》でも初《はじ》めて400ppm《ピーピーエム》を超《こ》える数値《すうち》が観測《かんそく》され、人間活動《にんげんかつどう》の影《えい》響《きょう》が確実《かくじつ》に南極《なんきょく》にも及《およ》んでいることが明《あき》らかになった。すでに南極《なんきょく》も環境問題《かんきょうもんだい》と無縁《むえん》の場所《ばしょ》ではなくなっているのだ。温暖化《おんだんか》をはじめ、地球環境変動《ちきゅうかんきょうへんどう》が南極《なんきょく》にどのような影響《えいきょう》をもたらすのかを調《しら》べることは、今後《こんご》の南極観測《なんきょくかんそく》の大《おお》きな課題《かだい》だ。一方《いっぽう》、昭和基地《しょうわきち》では、環境《かんきょう》への影響《えいきょう》を減《へ》らすため、太陽光集熱暖房装置《たいようこうしゅうねつだんぼうそうち》を備《そな》える自然《しぜん》エネルギー棟《とう》の建設《けんせつ》や、風力発電装置《ふうりょくはつでんそうち》、新《あら》たな汚水処理設備《おすいしょりせつび》を導入《どうにゅう》するなど、環境対策《かんきょうたいさく》にも力《ちから》を入《い》れている。

▼昭和基地《しょうわきち》にある風力発電機《ふうりょくはつでんき》。

画像提供／国立極地研究所

南極《なんきょく》は地球《ちきゅう》の気候《きこう》に大《おお》きな影響《えいきょう》を与《あた》えている

地球《ちきゅう》は球形《きゅうけい》であるため、緯度《いど》によって地表《ちひょう》が受《う》ける太陽《たいよう》エネルギーの量《りょう》には大《おお》きな差《さ》がある。赤道《せきどう》などの低緯度域《ていいどいき》ほど多《おお》く、南極《なんきょく》や北極《ほっきょく》のような高緯度域《こういどいき》は少《すく》ない。低緯度《ていいど》から高緯度《こういど》への熱《ねつ》の移動《いどう》がなければ、赤道《せきどう》と極域《きょくいき》の平均気温《へいきんきおん》の差《さ》は約《やく》80℃にもなるといわれる。だが、実際《じっさい》は約《やく》40℃だ。これは、大気《たいき》や海洋《かいよう》が低緯度域《ていいどいき》から高緯度域《こういどいき》へ熱《ねつ》を輸送《ゆそう》し、かたよりを減《へ》らしているためだ。

たとえば、海洋《かいよう》の熱塩循環《ねつえんじゅんかん》もこうした熱輸送《ねつゆそう》システムのひとつだ。南極大陸周辺《なんきょくたいりくしゅうへん》の海洋《かいよう》では、冷《つめ》たい大気《たいき》が海水《かいすい》を冷《ひ》やして海氷《かいひょう》ができる（このとき大気《たいき》は海洋《かいよう》から熱《ねつ》エネルギーを受《う》け取《と》る）。氷《こおり》は真水《まみず》であるため、海氷下《かいひょうか》の海水《かいすい》は塩分《えんぶん》が高《たか》くなり、重《おも》くなった低温《ていおん》の海水《かいすい》は下《した》へ沈《しず》み込《こ》んでいく。その量《りょう》は、毎秒《まいびょう》200t以上《いじょう》ともいわれる。沈《しず》み込《こ》んだ海水《かいすい》は、底層水《ていそうすい》となって大西洋《たいせいよう》・太平洋《たいへいよう》・インド洋《よう》の海底《かいてい》を赤道方面《せきどうほうめん》へ向《む》かって進《すす》んでいく。

その間《あいだ》に重《おも》く冷《つめ》たい海水《かいすい》は熱《ねつ》エネルギーを受《う》け取《と》りながら、少《すこ》しずつわき上《あ》がってくる。こうした高《こう》緯度域《いどいき》と低緯度域《ていいどいき》の熱《ねつ》の差《さ》を小《ち》さくしようとする海《うみ》の対流《たいりゅう》が熱塩循環《ねつえんじゅんかん》だ。同《おな》じように、大気《たいき》も赤道《せきどう》と極域《きょくいき》の間《あいだ》で循環《じゅんかん》しながら熱《ねつ》を運《はこ》んでいる。

もし地球温暖化《ちきゅうおんだんか》で南極《なんきょく》の氷《こおり》が大量《たいりょう》に溶《と》け出《だ》し、重《おも》たい海水《かいすい》が減《へ》ってしまうと、海水《かいすい》の沈《しず》み込《こ》みが弱《よわ》まり、海水《かいすい》の循環《じゅんかん》にも大《おお》きな影響《えいきょう》が出《で》て、地球規模《ちきゅうきぼ》で気候《きこう》が変動《へんどう》する可能性《かのうせい》もある。私《わたし》たちが暮《く》らす日本《にほん》の気候《きこう》も、海洋《かいよう》や大気《たいき》の地球《ちきゅう》スケールの循環《じゅんかん》を通《とお》して、遠《とお》く離《はな》れた南極《なんきょく》や北極《ほっきょく》とつながり、その影響《えいきょう》を受《う》けているのだ。

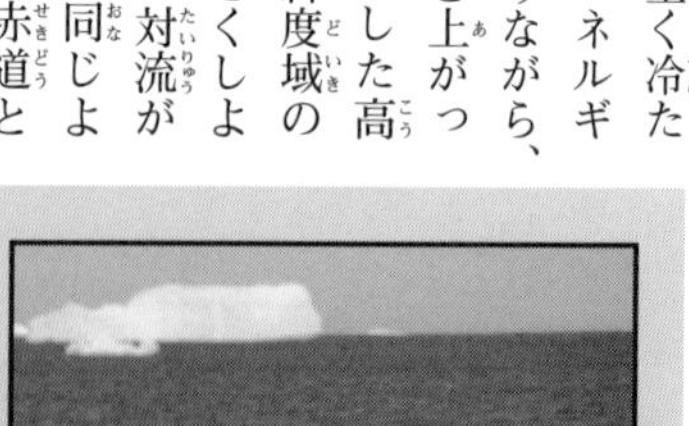
▶南極周辺《なんきょくしゅうへん》で冷《ひ》やされた海水《かいすい》は底層水《ていそうすい》となって世界《せかい》の海洋《かいよう》へ広《ひろ》がる。

最新《さいしん》の観測機器《かんそくきき》で南極《なんきょく》の高層大気《こうそうたいき》を調《しら》べる

日本《にほん》の南極観測隊《なんきょくかんそくたい》が、近年《きんねん》、特《とく》に力《ちから》を入《い》れているのは、南極《なんきょく》の気候《きこう》・環境変動《かんきょうへんどう》の解明《かいめい》だ。前《ぜん》ページに記《しる》したように、南極《なんきょく》の変動《へんどう》は、大気《たいき》や海洋《かいよう》の循環《じゅんかん》を通《とお》して全球《ぜんきゅう》の気《き》候《こう》システムに大《おお》きく影響《えいきょう》する。そこで、南極《なんきょく》の大気現象《たいきげんしょう》をはじめ、氷床《ひょうしょう》に記録《きろく》された過去《かこ》の気候変動《きこうへんどう》などを明《あき》らかにし、南極《なんきょく》から地球全体《ちきゅうぜんたい》の気候《きこう》・環境変動《かんきょうへんどう》に迫《せま》り、その理解《りかい》や予測《よそく》につなげようとしている。

2015年《ねん》には、南極最大《なんきょくさいだい》の大気《たいき》レーダー「PANSY《パンジー》レーダー」が昭和基地《しょうわきち》に完成《かんせい》した。1045本《ほん》のアンテナ（高《たか》さ3ｍ）で構成《こうせい》される最新《さいしん》レーダーは、高度約《こうどやく》500㎞までの大気《たいき》の動《うご》きを詳《くわ》しく観《かん》測《そく》できる。これを活用《かつよう》し、全球《ぜんきゅう》の気候変動《きこうへんどう》のきざしとなる南極大気《なんきょくたいき》現象《げんしょう》をとらえることをめざしている。

画像提供／国立極地研究所

▲昭和基地《しょうわきち》で南極大気《なんきょくたいき》の詳《くわ》しい観測《かんそく》を行《おこな》う南極最大《なんきょくさいだい》の「PANSY《パンジー》レーダー」。

特別《とくべつ》コラム　棚氷下《たなごおりか》の海底《かいてい》を掘削《くっさく》する「ANDRILL《アンドリル》」計画《けいかく》

氷床《ひょうしょう》は、降《ふ》り積《つ》もった雪《ゆき》が氷《こおり》になったもので、氷《こおり》には古《ふる》い時代《じだい》の大《たい》気環境《きかんきょう》を理解《りかい》するための物質《ぶっしつ》が、順番《じゅんばん》に閉《と》じ込《こ》められている。南極氷床《なんきょくひょうしょう》を掘《ほ》り抜《ぬ》いて、過去《かこ》の気候変動《きこうへんどう》の歴史《れきし》を調《しら》べる氷床《ひょうしょう》コア掘削《くっさく》は、日本《にほん》をはじめ欧《おう》米各国《べいかっこく》が実施《じっし》し、日本《にほん》は深《ふか》さ約《やく》3000mの掘削《くっさく》によって72万年間《まんねんかん》の氷《こおり》の採取《さいしゅ》に成功《せいこう》している。

南極《なんきょく》の古《ふる》い時代《じだい》の環境情報《かんきょうじょうほう》を記録《きろく》したタイムカプセルとして新《あら》たに注目《ちゅうもく》されているのが、南極沿岸域《なんきょくえんがんいき》の海底堆積《かいていたいせき》物《ぶつ》だ。海底《かいてい》に降《ふ》り積《つ》もった堆積物《たいせきぶつ》には、南極《なんきょく》に氷床《ひょうしょう》ができる前《まえ》を含《ふく》む、過去数《かこすう》千万年《せんまんねん》の歴史《れきし》が残《のこ》されている。この海《かい》底堆積物《ていたいせきぶつ》を海《うみ》に突《つ》き出《で》た棚氷《たなごおり》から掘《ほ》り抜《ぬ》こうと計画《けいかく》されたのが国際南極海底掘削《こくさいなんきょくかいていくっさく》計画《けいかく》「ANDRILL《アンドリル》」だ。堆積物《たいせきぶつ》を調《しら》べれば、南極氷床《なんきょくひょうしょう》や棚氷《たなごおり》の量《りょう》の変動《へんどう》や南極寒冷圏《なんきょくかんれいけん》の気候《きこう》システムが明《あき》らかになると期待《きたい》されている。ただ、残念《ざんねん》ながら現在計画《げんざいけいかく》は中《ちゅう》断《だん》しており、再開《さいかい》は未定《みてい》だ。

▲ロス棚氷上《たなごおりじょう》に設置《せっち》された掘削施設《くっさくしせつ》。右《みぎ》の白《しろ》い建物内《たてものない》に掘削《くっさく》やぐらが立《た》てられている。

Courtesy: National Science Foundation

南極《なんきょく》から地球《ちきゅう》の未来《みらい》を考《かんが》える

南極《なんきょく》も観光地《かんこうち》になった？

　雪《ゆき》と氷《こおり》におおわれた過酷《かこく》な自然環境《しぜんかんきょう》のため、長《なが》い間《あいだ》、人類《じんるい》を拒《こば》んできた南極《なんきょく》は、地球上《ちきゅうじょう》に残《のこ》された最後《さいご》の秘境《ひきょう》だ。そこには原生的《げんせいてき》な環境《かんきょう》が保《たも》たれ、雄大《ゆうだい》で美《うつく》しい自然《しぜん》が残《のこ》されている。最後《さいご》のまんがでは、のび太《た》が地底探検《ちていたんけん》車《しゃ》で地底《ちてい》の国《くに》を探検《たんけん》するが、同《おな》じように人類《じんるい》は文明《ぶんめい》の力《ちから》を活用《かつよう》して、厳《きび》しい自然環境《しぜんかんきょう》に挑《いど》み、基地《きち》を設営《せつえい》し、南極《なんきょく》の調査《ちょうさ》・研究《けんきゅう》を行《おこな》ってきた。南極《なんきょく》は単《たん》なる秘境《ひきょう》ではなく、地球誕生《ちきゅうたんじょう》以来《いらい》の歴史的《れきしてき》な情報《じょうほう》を手《て》つかずのまま残《のこ》している。また、地球環境《ちきゅうかんきょう》の変化《へんか》を映《うつ》し出《だ》す鏡《かがみ》でもある。地球《ちきゅう》の過去《かこ》を理解《りかい》し、地球《ちきゅう》とともに生《い》きる人類《じんるい》の未来《みらい》を予測《よそく》する手《て》がかりが得《え》られる場所《ばしょ》だ。だからこそ、科学者《かがくしゃ》たちは南極《なんきょく》に大《おお》きな関心《かんしん》を寄《よ》せる。

　一方《いっぽう》で、南極《なんきょく》には多《おお》くの観光客《かんこうきゃく》も訪《おとず》れるようになった。文明《ぶんめい》の力《ちから》を利用《りよう》して、世界各地《せかいかくち》の秘境《ひきょう》や辺境《へんきょう》と呼《よ》ばれる地域《ちいき》にも観光《かんこう》ツアーが押《お》し寄《よ》せる今日《こんにち》、南極《なんきょく》も例外《れいがい》ではない。2000年《ねん》ころまでは、年間《ねんかん》1万人《まんにん》以《い》下《か》だった観光客《かんこうきゃく》は、21世紀《せいき》に入《はい》ってから急増《きゅうぞう》し、一時《いちじ》は3万人《まんにん》を超《こ》えたこともあった。最《さい》近《きん》は少《すこ》し減《へ》ったが、それでも2万《まん》5000人《にん》以上《いじょう》の観光客《かんこうきゃく》が南極《なんきょく》へやってくる。また、観《かん》光《こう》も多様化《たようか》し、飛行機《ひこうき》での観光飛行《かんこうひこう》をはじめ、クルーズ船《せん》からボートに乗《の》り換《か》えて基地《きち》を訪問《ほうもん》したり、ペンギンなどを見物《けんぶつ》したり、上陸《じょうりく》してテントに宿泊《しゅくはく》するなど、さまざまなツアーが企画《きかく》されている。基地《きち》のなかには、お土産《みやげ》を販売《はんばい》したり、絵葉書《えはがき》を基地内《きちない》の郵便局《ゆうびんきょく》で投函《とうかん》できるサービスを行《おこな》うところもある。

▶ボートで南極観光《なんきょくかんこう》を楽《たの》しむ人々《ひとびと》。

画像提供／読売旅行

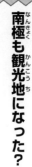

南極《なんきょく》の環境《かんきょう》を守《まも》る活動《かつどう》が進《すす》められている

多《おお》くの観光客《かんこうきゃく》が訪《おとず》れるようになったことに対《たい》して、南《なん》極《きょく》の自然環境《しぜんかんきょう》や生態系《せいたいけい》への影響《えいきょう》、科学的《かがくてき》な調査《ちょうさ》・観測活《かんそくかつ》動《どう》への影響《えいきょう》を心配《しんぱい》する声《こえ》も出《で》はじめている。観光《かんこう》ツアーを実施《じっし》する会社《かいしゃ》では、上陸前《じょうりくまえ》に靴底《くつぞこ》を洗浄《せんじょう》して細菌《さいきん》などを持《も》ち込《こ》まないようにしたり、観光客《かんこうきゃく》に石《いし》や植物《しょくぶつ》を持《も》ち帰《かえ》らないことや、コケを踏《ふ》んだり、ペンギンなどの生《い》き物《もの》にさわろうとしたり、近《ちか》づいて驚《おどろ》かしたり、エサを与《あた》えたりすることを禁止《きんし》するなど、南《なん》極観光《きょくかんこう》のルールを守《まも》ってもらう指導《しどう》を徹底《てってい》し、できる限《かぎ》りの配慮《はいりょ》を行《おこな》っている。もちろん、ゴミを捨《す》てたり、燃《も》やしたりすること、南極《なんきょく》にペットを持《も》ち込《こ》むことも禁止《きんし》だ。

画像提供／渡邊研太郎

▲50か国以上《こくいじょう》の南極条約加盟国《なんきょくじょうやくかめいこく》が集《あつ》まって定期的《ていきてき》に国《こく》際会議《さいかいぎ》が開催《かいさい》されている。

南極《なんきょく》の貴重《きちょう》な環境《かんきょう》を守《まも》っていくことに関《かん》しては、1998年《ねん》に「環境保護《かんきょうほご》に関《かん》する南《なん》極条約議定書《きょくじょうやくぎていしょ》」が発効《はっこう》し、南《なん》極《きょく》の平和的《へいわてき》な利用《りよう》などを定《さだ》めた「南極条約《なんきょくじょうやく》」の原則《げんそく》に従《したが》い、動物《どうぶつ》・植物《しょくぶつ》の保存《ほぞん》、海洋汚染《かいようおせん》の防止《ぼうし》、鉱物資源活動《こうぶつしげんかつどう》の禁止《きんし》、特別保護地区《とくべつほごちく》の保護《ほご》・管理《かんり》などの環境保護《かんきょうほご》の取《と》り組《く》みが、国際的《こくさいてき》に推進《すいしん》されている。

▼南極点《なんきょくてん》の条約原署名国《じょうやくげんしょめいこく》の国旗《こっき》。

画像提供／門倉昭

特別《とくべつ》コラム　南極《なんきょく》で生活《せいかつ》する人《ひと》たち

南極《なんきょく》にも、研究者《けんきゅうしゃ》ではない人々《ひとびと》が生活《せいかつ》する町《まち》がある。チリは、南《なん》極《きょく》に領土権《りょうどけん》を主張《しゅちょう》しており、南極半島《なんきょくはんとう》のキング・ジョージ島《とう》にあるチリ基地《きち》に隣接《りんせつ》して「ビジャ・ラス・エストレージャス（星《ほし》の町《まち》）」という町《まち》を置《お》いている。住《す》んでいるのは軍人《ぐんじん》とその家族《かぞく》が中心《ちゅうしん》だが、町役場《まちやくば》や学校《がっこう》・病院《びょういん》・郵《ゆう》便局《びんきょく》・銀行《ぎんこう》などもある。

また、夏《なつ》は観光《かんこう》ホテルも営業《えいぎょう》し、島《とう》内《ない》には物資輸送《ぶっしゆそう》だけでなく観光客《かんこうきゃく》を運《はこ》ぶ飛行機《ひこうき》が着陸《ちゃくりく》できる滑走路《かっそうろ》もつくられている。基地《きち》の近《ちか》くには、ペンギンやアザラシのコロニーなどもあり、南《なん》極観光《きょくかんこう》の拠点《きょてん》になっている。

あとがき 「極地《きょくち》へ向《む》かうところ」

国立極地研究所《こくりつきょくちけんきゅうじょ》　総合研究大学院大学《そうごうけんきゅうだいがくいんだいがく》　准教授《じゅんきょうじゅ》
三浦英樹《みうらひでき》

理学博士《りがくはくし》（東京都立大学《とうきょうとりつだいがく》）。これまで、7回《かい》の日本南極地域観測隊《にほんなんきょくちいきかんそくたい》に参加《さんか》。南極《なんきょく》のほかに北極《ほっきょく》のスバールバル諸島《しょとう》やグリーンランド、ヒマラヤ、北海道《ほっかいどう》を主《おも》なフィールドに、最新《さいしん》の地質時代《ちしつじだい》である第四紀《だいよんき》の地形地質《ちけいちしつ》と環境変遷史《かんきょうへんせんし》の調査《ちょうさ》を行《おこな》ってきた。専門《せんもん》は自然地理学《しぜんちりがく》、地形地質学《ちけいちしつがく》、第四紀学《だいよんきがく》。

初《はじ》めての南極《なんきょく》は日本《にほん》から赤道《せきどう》を越《こ》える2ヶ月《げつ》の長《なが》い船旅《ふなたび》でした。熱帯《ねったい》のシャワーのような雨《あめ》、暑《あつ》い夜《よる》の静《しず》かで、鏡《かがみ》のような海面《かいめん》の月《つき》と夜光虫《やこうちゅう》のきらめき。巨大《きょだい》な火山《かざん》が並《なら》ぶ熱帯雨林《ねったいうりん》の島《しま》を通過《つうか》し、乾燥《かんそう》したオーストラリアを過《す》ぎていくと、ある日《ひ》から海《うみ》の波《なみ》は急《きゅう》に荒《あ》れ始《はじ》め、船《ふね》は大《おお》きく揺《ゆ》れてきました。風景《ふうけい》は変化《へんか》していき、海面《かいめん》を白《しろ》く覆《おお》う海氷《かいひょう》が現《あらわ》れて、海《うみ》は再《ふたた》び静《しず》かになりました。目《め》の前《まえ》では本当《ほんとう》に海氷《かいひょう》を割《わ》りながら船《ふね》が進《すす》んでいきました。

ヘリコプターから見《み》た南極大陸《なんきょくたいりく》は、果《は》てしなく広《ひろ》がる白《しろ》い氷《こおり》の縁《ふち》に、樹木《じゅもく》や土《ど》壊《じょう》のまったくない、しま模様《もよう》のむき出《だ》しの岩盤《がんばん》が広《ひろ》がっていました。岩盤《がんばん》の上《うえ》には、かつて大《おお》きく広《ひろ》がっていた南極氷床《なんきょくひょうしょう》によって運《はこ》ばれた、大《おお》きな石《いし》ころがたくさん置《お》かれていました。

南極《なんきょく》の夏《なつ》は太陽《たいよう》が沈《しず》まない白夜《びゃくや》の日々《ひび》です。この短《みじか》い季節《きせつ》にアデリーペンギンは、子育《こそだ》てのため集団《しゅうだん》でにぎやかな巣《す》を作《つく》りますが、生《う》まれたひなの半分以上《はんぶんいじょう》が途中《とちゅう》で死《し》んでしまうことも知《し》りました。冬《ふゆ》にそのペンギンの巣《す》をスコップで掘《ほ》ってみると、ペンギンたちの子育《こそだ》ての死闘《しとう》の跡《あと》が数千年《すうせんねん》間《かん》も続《つづ》いていたことがわかりました。

ある年《とし》には、キャンプ地《ち》をブリザードが襲《おそ》い、風速《ふうそく》40m/秒《びょう》の強風《きょうふう》でテントに穴《あな》があきました。シュラフにくるまり、3日間《かかん》ブリザードが立《た》ち去《さ》るのを静《しず》かに待《ま》ちました。

穏《おだ》やかな晴《は》れた日《ひ》には、氷床《ひょうしょう》の上《うえ》に満月《まんげつ》が〝逆《さか》さ〟になって浮《う》かんでいました。日本《にほん》や赤道《せきどう》で見《み》ていた月《つき》と同《おな》じ月《つき》だということが不思議《ふしぎ》でした。極夜《きょくや》の時期《じき》に、数万光年《すうまんこうねん》も離《はな》れた遠《とお》くの星《ほし》から出《で》てきた光《ひかり》と現在《げんざい》のオーロラの光《ひかり》を同時《どうじ》に見《み》ていると、突然雲《とつぜんくも》に隠《かく》れ、これらがまったく違《ちが》う高《たか》さにあることを改《あらた》めて教《おし》えてくれました。

「巨大流氷《きょだいりゅうひょう》」?
去年《きょねん》の一月《がつ》、南極《なんきょく》の海岸《かいがん》から北上《ほくじょう》をはじめたんだって。長《なが》さ八十三キロ、幅《はば》三十五キロ、高《たか》さ三十メートル。神奈川県《かながわけん》より広《ひろ》いってさ。

このような経験《けいけん》の中《なか》で、次《つぎ》のようなことを考《かんが》えられるようになったのです。

一《ひと》つめは、宇宙《うちゅう》や地球《ちきゅう》という空間《くうかん》の中《なか》で「自分《じぶん》の今《いま》いる場所《ばしょ》の意味《いみ》を考《かんが》える」こと。世界地図《せかいちず》や地球儀《ちきゅうぎ》は、昔《むかし》に比《くら》べて、ずいぶん身近《みぢか》なものになりました。でも、それは地球《ちきゅう》を小《ちい》さく感《かん》じるようになったというよりは、地球上《ちきゅうじょう》のどの場所《ばしょ》にも個《こ》性《せい》があり、それぞれが価《か》値《ち》のある貴重《きちょう》なものだと知《し》ることでした。

二《ふた》つめは、地球上《ちきゅうじょう》の場《ば》所《しょ》によって違《ちが》うもの、変《か》わらないものがあることにより、「違《ちが》うものを比較《ひかく》し、その違《ちが》う理由《りゆう》を考《かんが》える」ことです。自分《じぶん》を中心《ちゅうしん》とする以外《いがい》の世界《せかい》を知《し》ることで、なるべく多《おお》くの人《ひと》に通《つう》じる見方《みかた》や考《かんが》え方《かた》が必要《ひつよう》だと知《し》ることができたのです。

三《みっ》つめは、いろいろな時代《じだい》の岩石《がんせき》や地層《ちそう》、化石《かせき》から昔《むかし》の風景《ふうけい》や環境《かんきょう》、生物《せいぶつ》の暮《く》らしを知《し》ることで、人間《にんげん》の生《い》きる時間《じかん》を超《こ》えた「長《なが》い時間《じかん》の流《なが》れの中《なか》で今《いま》の時代《じだい》を考《かんが》える」ことです。今《いま》が絶対《ぜったい》ではないことを知《し》り、今《いま》の時代《じだい》に生《い》きている自分《じぶん》をもう一人《ひとり》の自分《じぶん》が見《み》つめることができるようになりました。

四《よっ》つめは、自然《しぜん》は時間《じかん》の面《めん》でも空間《くうかん》の面《めん》でも「すべてのことはつながっている」ことを実感《じっかん》できたことです。本当《ほんとう》の自然《しぜん》や社会《しゃかい》は、教科《きょうか》ごとに切《き》り離《はな》されたようなものではなく、おたがいにつながっていて、たくさんの謎《なぞ》に満《み》ちているものです。人間《にんげん》が知《し》っていることは、ほんのわずかなことなのです。研究者《けんきゅうしゃ》でも、学問《がくもん》が細分化《さいぶんか》・専門化《せんもんか》されるにしたがって、専門《せんもん》以外《いがい》のものは見《み》えなくなりがちです。わずかな知識《ちしき》で物事《ものごと》を断定《だんてい》しないように、できるだけ自然《しぜん》の全体像《ぜんたいぞう》を理解《りかい》したいという気持《きも》ちが湧《わ》いてきたのです。

こんなふうに、南極《なんきょく》での経験《けいけん》は、私自身《わたしじしん》に、まったく予想《よそう》もしなかったことを考《かんが》えさせてくれました。

私《わたし》は子供《こども》の頃《ころ》、多《おお》くの本《ほん》から遠《とお》くの場所《ばしょ》への憧《あこが》れや心躍《こころおど》る夢《ゆめ》を得《え》ることができました。この本《ほん》も、皆《みな》さんの未知《みち》の世界《せかい》への最初《さいしょ》の扉《とびら》を開《ひら》く鍵《かぎ》のように活用《かつよう》されて、いつか具体的《ぐたいてき》な自然《しぜん》の中《なか》から多《おお》くを感《かん》じ取《と》り、深《ふか》く考《かんが》える人《ひと》がたくさん出《で》てくると嬉《うれ》しいなと思《おも》います。

おわりに、北極点《ほっきょくてん》を目指《めざ》した探検家《たんけんか》フリチョフ・ナンセンの言葉《ことば》を記《しる》します。これは極地《きょくち》へ向《む》かう人《ひと》の「こころ」をとてもよく表《あらわ》していると思《おも》うからです。

「あの氷《こおり》と月明《つきあ》かりの長《なが》い極地《きょくち》の夜《よる》。そこでの年月《ねんげつ》は、別世界《べっせかい》の遠《とお》い夢《ゆめ》のように思《おも》われる。ひとつの夢《ゆめ》が現《あらわ》れて、過《す》ぎ去《さ》っていった。しかし、このような夢《ゆめ》なくして、どこに人生《じんせい》の価値《かち》があるのだろうか？」（太田昌秀訳《おおたよしひでやく》）

ビッグ・コロタン⑮

ドラえもん科学《かがく》ワールド

－南極《なんきょく》の不思議《ふしぎ》－

STAFF

●まんが　藤子・F・不二雄
●監修　吉田健司　吉永裕香（藤子プロ）
三浦英樹（国立極地研究所）
●編　小学館　ドラえもんルーム
●構成　滝田よしひろ　窪内裕　丹羽毅　甲谷保和　芳野真弥
●デザイン　ビーライズ
●装丁　有泉勝一（タイムマシン）
●イラスト　佐藤諭　加藤貴夫
●写真　国立極地研究所　三浦英樹
A. D. Rogers et al.　Ansgar Walk　COMNAP　ESA
Iowa University　J. Clarke（Boston University）
J. Nichols（University of Leicester）　Josef Knecht　Kaz　NASA
National Science Foundation
Z. Levay（STScI）　門倉昭　工藤栄　小島秀康　高橋晃周　高橋学察
武田真憲　的場澄人（北海道大学低温科学研究所）　水谷剛　渡邊研太郎
●校正　麦秋アートセンター
●制作　酒井かをり
●資材　木戸文
●販売　藤河秀雄
●宣伝　阿部慶輔
●編集　杉本隆

2017年3月13日　初版第1刷発行
2022年8月29日　第10版発行

●発行人　青山明子
●発行所　株式会社　小学館
〒101-8001　東京都千代田区一ツ橋2-3-1
編集●03-3230-9349
販売●03-5281-3555
●印刷所　大日本印刷株式会社
●製本所　株式会社　若林製本工場
Printed in Japan

ISBN978-4-09-259151-6